光 明 城
LUMINOCITY

看见我们的未来

建筑教育前沿丛书 Architecture Pedagogies on the Move

现代意匠

连接手工艺与设计

张永和　江嘉玮　谭峥

编著

同济大学出版社·上海
TONGJI UNIVERSITY PRESS · SHANGHAI

目录 Contents

张永和

序言: 意匠之手

Preface: Hands of the Craftsman

Yung Ho Chang

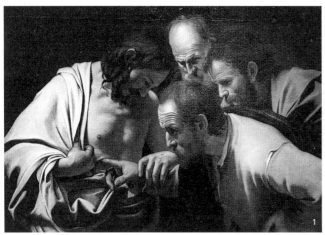  

1. 《多默的怀疑》（卡拉瓦乔，1602）
2. 电影《柏林苍穹下》剧照（一）
3. 电影《柏林苍穹下》剧照（二）
4. 隋建国（雕塑家）
5. 隋建国手迹 #1
   （铸青铜，100cm×56cm×39cm，
   2014—2017）
6. 隋建国:云中花园 - 折枝 #3
   （3D 打印光敏树脂与钢管，
   700cm×600cm×200cm，2020）

我与同济大学的同事们在过去几年里开设过一门课程，名为"（手）工艺"。之所以当时"手"字被括起来，是有不强调手的意思。手工艺对应的英文是 craft，本书的中文翻译是"意匠"，而我则对手有了更深的认识，倾向"手艺"，反而"工"字倒可以拿掉了。

手是身体感知现实世界的前哨。

前不久一个朋友给我讲了这幅卡拉瓦乔（Caravaggio）的画（图1），叫作《多默的怀疑》（*The Doubts of St. Thomas*）。它画的是《圣经》里的一个故事，"多默"该是 Thomas 的旧译。画中多默是右边着黄衣者，左边的人是耶稣。这幅画描述的故事是多默起初不相信耶稣的复活，他要亲眼看到耶稣手脚上的钉眼及身上的其他伤口。可是

我猜测很多人对多默的怀疑也抱有怀疑，因为这个故事并没有一个令人信服的场景，直到 1602 年，意大利画家卡拉瓦乔画了这幅画。这位画家的一贯画风是逼真的写实加以戏剧性的光线，因此这幅画带给看画人的信息，或者说震撼是：画家并非编造了某种关于多默的怀疑的解释，而是通过画面告诉观者，他看见了一个老人把手指头伸进了另外一位老人的伤口里。此处有两重意义：其一是所谓的相信肉体，眼见到不够，手触及方才可信。其二说明了艺术的力量。我们并不知道多默是否曾将手指头伸进了耶稣的伤口，也许他只是用眼睛进行了检验。但卡拉瓦乔作为一名画家，也就是一个会用手、拥有手艺的人，凭他自己的经验想象出来多默用手指验证的场景。用手在这里并不止步于直接的身体体验，它还构成一种进一步探索世界的方法。

今天的现实世界更需要用身体来感知，因为还有一个身体无法进入的虚拟世界。

在维姆·温德斯（Wim Wenders）导演的电影《柏林苍穹下》中，我们看到一位天使有强烈的愿望要做人（图2）。于是上帝满足了他的愿望，使他变成了人。成为人之后，第一件发生在他身上的事情，是他从柏林墙上跳下去摔破了头顶。然而这位前天使一边用手摸着自己头顶上的血，一边非常高兴和兴奋，说：我终于成人了！那是一个特别寒冷的冬日，他于是走到街头小摊上买了一杯咖啡，此时他又感叹——能在这么寒冷的天气里抱着滚烫的咖啡，同时体验到热和冷，这就是人生（图3）。

这段头破血流加又冷又热的人世感受，以及卡拉瓦乔想象用手指头捅进伤口的血淋淋场面，使我联想到了困扰我已久的一个问题，即虚拟空间和现实空间关系的问题。常有人提出：虚拟空间是不是可以代替现实空间？虚拟建筑是不是跟现实建筑有同样的质量？我今天的回答是：这两者很不一样。虚拟世界里不会流血，手指伸不进伤口，虚拟建筑不可能感动我们。又冷又热的情景只存在于现实世界中，现实建筑会使我们感动。虚拟空间和现实空间是目前我们赖以生存的两个环境，它们多有重叠之处，更存在着本质上的差别。

想与虚拟世界拉开距离，现实世界更需手艺去完善。

手建立起来建造体系，以及身体与造物的联系和审美传统。

给我讲《多默的怀疑》这幅画的朋友是隋建国，一位雕刻家。这张照片是他在示范婴儿用手探路的场景（图4）。隋建国还告诉我，在孩子开始走路的时候，眼睛所看还没那么重要，因为眼睛还不会做空间的判断。所以一定是手伸在前面，是摸索，也是平衡。他强调，一定是手在脑和眼之前。这令我想到了麻省理工学院的校训，用拉丁文写是 mens et manus，译成中文即"脑与手并用"。此刻我怀疑是否应该调换一下，该是"手与脑并用"？

隋建国和我同龄。也处于耳顺与从心之年之间的他深深地认为做雕塑，用手不但比用脑重要，而且比用眼重要。所以他蒙起眼，用一只手来捏泥（图5），其成果用计算机扫描后再放大打印出一个超人尺度的雕塑（图6）。雕塑的纹理就是隋建国的指纹。他的作品可以说是用夸张的方式表现了手的创造力，是手的欢庆。放大的指纹提醒我们它来自人手，告诉我们它与人的尺度有着紧密

的关系。

将手带入建筑学。我常常引用德国建筑师密斯·凡·德·罗（Mies van der Rohe, 被简称为密斯）在1959年讲的一句话——把两块砖头细心地放在一起时，建筑就发生了。我也总在想：密斯当时盖的房子都是玻璃和钢的，他为什么不说把两块钢材搭在一起就产生了建筑呢？有一个可能是，因为密斯在13岁时就开始到他父亲开的建筑公司里做泥瓦工，当时是20世纪初期。密斯工作若干年后，样子可能与这张20世纪20年代奥古斯特·桑德尔（August Sander）拍的照片里的年轻德国工人相仿（图7）。他很可能也曾为了搬运把砖头细心地码在板子上——使砖的重量分布均匀，不易跌落，且提高效率。砖头在板子上的码法已构成了砌筑。因此我猜测，后来密斯设计李卜克内西与卢森堡的纪念碑时（图8），他会不会想

到自己年少时干过的这种活儿？密斯也许从来不曾忘记砌砖的体验，他正是通过身体建立起来对建造的理解。

当然，密斯还可能想到人类用砖的历史。从公元前4400年中国开始烧砖用砖，至今没有停止过，甚至砌法变化也不是太大。即使今天，一个建筑项目仍可能以两块砖头为起点。我们目前正在施工的巴黎国际大学城中国之家就是一座完完全全的砖建筑（图9）。砖既是我们采用的技术，又是我们表现的手段。我们想表达中国用砖的悠久传统，选择了手工砖实砌。我们采用了从简到繁几种砌筑方式（图10）。一块砖的大小正是被一只人手能把握的尺寸所限定的，砖建筑无论多高大，也永远带着人体尺度的基因。

其他材料也可能建立起人和建筑之间的尺度关系。我们用木模板浇筑混凝土（图11），

木纹既有亲人尺度的质感，也是建造过程的实录，是我们——包括建筑师、工程师、建筑工人——共同的"指纹"。

也值得一提的是，手在建筑学中还有一个特殊的用法：模拟空间。曾有一位西方理论家洛吉耶神父（Abbé Laugier）被问及坡屋顶的形式是从何而来的。他认为用两只手指尖对指尖举在头顶上挡雨是其原型。同济大学的李振宇教授更是将手势发展成为一个系统的设计方法。

手艺何去何从？在失重的条件下，出现了暂时无法定义的建造。

最后，我又要质疑手艺。建筑学显然不是处于持恒的状态，像我前面描述中所暗示的。演变是必然的。

我们从来不曾停止想象未来。导演斯坦

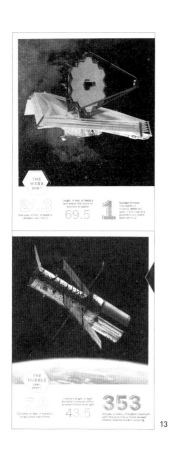

13

利·库布里克（Stanley Kubrick）在20世纪60年代拍了一部名为《2001太空漫游》的电影，其中展现了他想象的2001年的世界（图12）。这个世界，咱们现在看起来很熟悉了。他所呈现的太空船内部，便是近些年来比比皆是的购物中心、办公楼等的原型；其似有洁癖的去物质化的材料处理，也令人联想到今天的虚拟空间。库布里克当时的未来已成过去。未来也可能仍然是砖头或混凝土的，具有质感和重量。但是，还有如下的已经成为现实的可能：

这是两个天文望远镜（图13）。下边的叫哈勃，它已经在太空中运行多年了，其观察宇宙的原理跟传统的光学照相机是类似的。哈勃整个的构造跟目前建筑建造逻辑也基本一致，体现着清晰稳定的材料与结构关系。上边的这个叫韦伯的望远镜是我的好奇心所在：它底下有5层厚度相当于人类头发

直径的聚酰亚胺薄膜。它们的建造没有咱们平时习惯的坐标秩序，既不平整，也不挺直，如果能滤去"烂"字的消极意义，称其为"烂建造"或许也未为不可。正是这不符合经典建造与审美的烂建造完美地把望远镜背后太阳的热量隔离，使得上面的红外线镜头不受任何干扰。现在韦伯做到的天文观测据说已经开始逼近宇宙初始大爆炸。如果说相对传统的哈勃拍出来的宇宙照片是我们熟悉的影像——黑暗的背影上少许稀疏的光斑，那么韦伯看到的宇宙，只能用灯火辉煌来形容。而通过韦伯，我看到的是一个新建筑、一种新的意匠的显现。

张永和、李翔宁、江嘉玮

综述：
论造与绘，"建筑学前沿：（手）工艺"
教学试验回顾

Introduction:
On Making and Drawing,
Reviews of the Teaching Experiment of the Course
' Frontiers of Architecture: Craft '

Yung Ho Chang, Li Xiangning, Jiang Jiawei

* 本文主体内容最初发表于《时代建筑》，2015(3):154-161，作者张永和、李翔宁、江嘉玮，本书收录时略有修改。

自 2014 年秋季学期起，同济大学建筑与城市规划学院新开了一门名为"建筑学前沿：（手）工艺"的课，原定为研讨课，后扩展为公开讲座，以英文授课。这门课一开始的教学定位是通过再思（手）工艺在建筑史上的意义来讲授建造、材料等相关话题。课程没有实践教学，主要是理论研讨。

建筑学的基础之一是（手）工艺，尽管实际上未必用手来完成，但动手的精神不能遗忘。如果建筑学有任何重要的性质超越了古典主义、现代主义及后现代主义的分代，物质性应是其中之一。建筑的物质性是由材料、建造和（手）工艺限定的。（手）工艺建立起人和建筑的直接关系。当工艺上升为物质文化，或许就是所谓的意匠。在工业化建造的今天，仍然需要并且可以通过手工艺或意匠去理解工艺与技术。工艺提醒着人们建筑的本质，工艺意味着传统。工艺是具体的，如砖的砌法或现浇混凝土模板的支法。它需要对特定的、复杂的建造条件作出反应，因此常常修正了教条，帮助建筑师突破主义的重围。我们认为在教学当中，与其沉溺各种"主义"，不如多谈点建造问题。

我们为这门课扩展出两大板块的教学。首先是讲座，由主持教师或特邀演讲嘉宾以公开讲座的形式授课；其次是学生作业，做案例分析，以图示方法表达对一座建筑的理解。讲座与学生作业互成一体，因为提供给学生做案例分析的某些建筑师及作品在讲座上会涉及，此外学生作品也将归到本课程对现代主义以来建筑设计与建造工艺发展的研究计划里。

论造：
理论维度与特邀讲座

On Making:
Theoretical Dimension
and Invited Lectures

特邀演讲嘉宾有的对工艺问题进行概论式的梳理，有些集中在分析某位建筑师及其设计作品。嘉宾的动情讲演与丰满的讲座内容吸引了大量听众，这也从侧面反映了一个问题，作为建筑学基本问题之一的建造与工艺，常常被我们的课堂忽略。当然，以实践为导向的设计课不会不涉及这些话题，而这门课希望从历史和理论层面上唤起学生对建造与工艺的热情、引导学生细读案例并且将工艺的价值转化到自我的体系里。

有些讲座专注于分析某几位建筑师的某几件作品，有些讲座在对建筑史和工艺史做梳理的时候会着重看待现代性背景下建筑学以及（手）工艺的危机，有些讲座呈现建筑师的个体生命与他偏爱的材料、光影与质感。设置丰富多样讲座的目的在于带给学生更深远的思考。

工艺自始至终没有脱离建筑学的核心议题。在技术层面上看，这一系列的讲座涉及了早期加筋混凝土技术、砖砌筑、轻钢结构等具体的建造体系，也谈到了某些建筑师青睐的建造方式，比如莱弗伦兹（Lewerentz）坚持整砖以及采用厚砂浆。在这些讲座中，有很精彩的文化维度的思考，比如将奥古斯特·佩雷（Auguste Perret）与高迪（Antonio Gaudi）放在文化语境下看待技术革新之后的建造悖论。我们也看到，有些讲座在尝试扩展建筑学领域中的工艺门类，比如将建筑绘画看成一门批判性再思的工具。这一系列多维度的讲座旨在扩展学生的知识面和思考维度。

工艺之转化与保留之价值是系列讲座最后留给学生的开放性问题，没有答案。工艺既然遇到危机，我们并非盲目地立马疾呼恢复工艺，而是需要谨慎看待这种危机背后的困境。我们对依靠工具加工出来的（手）工艺品进行了考察。总的来看，加工工具分两种，一种由人的劳力制成，另一种由机械加工出来。在造物行为中，大量依靠后者是建造走向现代化的另一副面孔。当资本分离出手工艺品中的实用价值和附属价值，通过张贴"纯手工""耗费多少工时"这类标签，将人工转化为一种用于售卖的奢侈品时，坚持这样的手工艺已经对建筑学无甚益处。然而，即便到了今天，当预制件全都可以在工厂里完成加工，我们似乎感觉传统的手工艺已经销声匿迹，但只要建筑师还在动手画着草图来讨论那个特定的预制件的加工，手工艺的痕迹就依旧变相地保留在建筑学里。或许建筑师本身是守住（手）工艺传统的最后一个卫士。从这个层面上谈，建筑师要尽量接近直接劳作的匠人，就像理查德·塞内特（Richard Sennett）在他的书里提到一种匠人对于材料的自觉（material con-

论绘：
教学对话与学生作业

On Drawing:
A Dialogue between Teaching
and Student Assignments

sciousness）[2]那样，建筑师依凭着既是操作方式又是感知工具的（手）工艺来靠近物质世界、来理解造物之美感。这就成了建筑师的一种旨趣（taste）。但我们都知道，无法企求旨趣在商品社会中的必然存在。所以我们转向教学。

学生作业是课程教学编排的另一大内容。教学组精心制定了一份建筑师及其作品的名录，以便组织学生开展案例分析。学生首先需要仔细阅读被分到的建筑师的生平、思想和作品特色，然后选择一个最感兴趣的作品作为深入研究对象，分到同一名建筑师下的学生被鼓励互相讨论或合作。学生作业因而成为在公开讲座之外任课老师与助教跟选课学生直接对话的主要途径。教学

组规定，每位学生最后递交的作业只能用一张 A3 尺寸的图来表达，所以必须在小版面中浓缩并组织起全部分析内容[3]。作业交两次图，中期评图的重要性丝毫不亚于期末评图。学生必须要在中期时阅读出该案例最精彩的设计点，找到合适的绘图形式，并排好版面。从中期到期末，学生需要花大量的时间来微调从图到文字等细节。

教学组关注一个问题：在滥觞自欧洲的现代主义浪潮涌向其他各大洲的过程中，工艺和建造话题如何在广泛的地域差异中展开讨论？教学组为教学制定的建筑师列表地理位置分布较广，总体上看，相对集中于北欧、南美、东亚地区。

这一批共 26 名建筑师，各自喜好的工艺大相径庭。教学初衷是希望学生的案例分析汇集在一起后，能够同时呈现出这批建筑师多元的设计思想与材料表现。

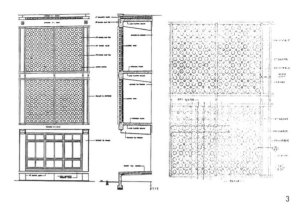

有5名北欧的建筑师可以联立起来作对比研究，他们是挪威的斯菲尔·费恩（Sverre Fehn）、瑞典的彼得·萧尔欣（Peter Celsing）与西格尔德·莱弗伦兹（Sigurd Lewerentz）、芬兰的阿尔瓦·阿尔托（Alvar Aalto），还有丹麦的约翰·伍重（Jørn Utzon）。萧尔欣与莱弗伦兹都喜欢使用砖，但处理方法差别很大。前者偏爱采用各式砌法（如英式十字砌法）在砖墙上表现纹样，后者则让工人保留全砖并利用丰满的砂浆塑造形态，同时让工人在砖墙上保留手工建造的痕迹。伍重在哥本哈根附近的巴格斯瓦德教堂（Bagsværd Church）结合了严密的曲线逻辑，进而在混凝土曲面天花板上将光线散射开，使天花如同织物般轻柔。学生作业分析了几何逻辑与材料组合，并还原了施工顺序。

列表上有三位台湾建筑师——王大闳、张肇康、陈其宽，他们都很重视台湾在第二次世界大战后本土建造现状的制宜，尤其是廉价建造。建于20世纪五六十年代的王大闳建国南路自宅、张肇康的台湾大学农业陈列馆（别名"洞洞馆"）以及陈其宽的路思义教堂都是很低的造价。教学组指导学生研究那个时代台湾的常见施工方法，理解廉价建造的现实意义。举张肇康的农业陈列馆作一例，它的建造别具匠心。"洞洞馆"通过相间嵌入大小两种尺寸的陶管来组合立面构图（图1、图2），每一个单元都固定在二层的悬挑楼板上，陶管作为模板的一部分拆模后留在了混凝土内（图3）。混凝土的质感、经由陶管散射至磨砂玻璃上的光影以及上过红漆的门窗框，这一切都是简单而优雅的材料组合。学生在分析过程中，会通过制作1:10的石膏模型来理解"洞洞馆"立面上的每一块单元的配筋和筑模方式（图4）。这个分析向读者模拟呈现了张肇康当年如何利用低廉的材料将传统元素转化为抽象形式。

冯纪忠在方塔园中的设计比这三位台湾建筑师的实践稍晚十来年，是传统意匠与现代建造相结合的经典之作。教学组指导学生将何陋轩的平面要素（三个平台旋转之后的铺地处理、柱子落点）与剖面要素（竹子节点、屋脊形态）结合在一个空间与视觉转换的维度下分析。再看我们邻国，日本建筑师筱原一男在住宅设计中有一种抽象性，试图抹灭工艺的痕迹，是某种对材料表现等级的消解。对比冯纪忠与筱原一男，我们认为非常值得分析建筑师对工艺的态度，是要强烈地表现，还是要刻意消解，抑或选择一种中间状态，让工艺的美观有克制地散发出来？

对于这份列表，另外一个思考维度是按照材料来串联起不同的建筑师。以裸露的钢筋混凝土表现作为一个例子。比如，前川

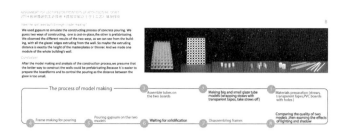
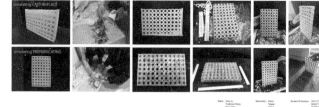

4. 学生作业尝试浇石膏模拟"洞洞馆"立面建造

国男设计的东京文化会馆有混凝土板制成的上弯檐口，教学组会建议学生将它与柯布的昌迪加尔法院的巨大混凝土屋檐作对比研究。关于混凝土的质感表现，有瑞士建筑师路易吉·斯诺吉（Luigi Snozzi）的精细混凝土表面，有荷兰建筑师尤利安·兰彭斯（Juliaan Lampens）以竖向细木板浇成的粗野混凝土，还有路易·康（Louis Kahn）用精准的模板对位浇出的石灰华般的混凝土表面。再比如说，要研究砖砌筑体系，德国建筑师海因茨·宾纳菲尔德（Heinz Bienefeld）将砖与钢、玻璃结合在一起，为钢与砖的交接设计节点，而莱弗伦兹却会将玻璃窗框直接钉到砖头上，从室内看出去就无框了。当案例分析将这些制作工艺和表现质感综合起来后，建筑师的设计气质自然就能捕捉得到。

另外，这份建筑师列表有价值的地方还在于其中有些建筑师思考的维度超越了单独一栋房子的建造，而是一个体系的构建。比如，迪斯特（Eladio Dieste）不仅仅是要挑战跨度极限来设计拱，而且他一直在研发加筋砖拱的建造机制（construction mechanism），考虑砌筑时的木模如何快速拆装等问题，来加快施工速度。

课程教学为学生安排好建筑师和作品之后，教授如何图示化地展现建造设计及操作过程同样重要。很明确，改良一道工艺需要改进制作流程。要理解一件建筑作品中工艺的魅力，理解建筑师如何从工艺出发、匠心巧用，就必须分析材料的配合与构造的处理。这门课程强调培养图示语言能力，因为绘图是建筑师必备技能之一，而图集（atlas）历来是反映建筑师设计成果的最有效形式，简单直观，浓缩了设计师的思考。归根到底，本研究属于建筑设计与理论领域，

* 参与绘制文中选取的优秀课程作业的学生为：
  姜颖、琚安琪、郑婷方、何妍萱、李浩、苗青、
  肖潇、辛静、张向琳、张宇轩

总结
Conclusion

绘图既是展开研究的工具，也是凝结成果的表达方式。

关于建造问题，受维欧莱 - 勒 - 迪克（Viollet-le-Duc）[4]、奥古斯特·舒瓦西（Auguste Choisy）[5] 等建筑史家著作中精美图集的启发，本课程设定的教学目的在于训练学生绘制精确而富有表现力的图。我们鼓励学生花心思考虑并尝试多种形式的图。我们知道，当绘图的方式发生改变后，图的形式也会影响建筑师的思考。比如说在维欧莱 - 勒 - 迪克那个年代，图最终都是木刻版画，画图时就需要在底稿上考虑好如何让线条精确。而到了我们当下能够利用计算机制图的年代，线条交接可以通过矢量方法达至高度的精准。因而，线条的交织造就的精确度能表征材料交叠的整合度（integrity），对材料层次关系进行精确的剖析。从基本的构造与建造流程出发，学生需要在案例分析的过程中，反复对比建筑师的草图、方案图乃至施工图，然后不断从现场照片中寻找工艺凸显的点，随后将这些信息全盘组织起来，自己绘图完成分析。

本书的最后展现若干份本学期优秀的案例分析作业。这几份作业比较好地将工艺、材料、建造的分析点综合起来，并且在版面和制图上都有不错的效果。

从 2014 到 2019 年，这门"建筑学前沿：（手）工艺"课程每年秋季都在同济大学建筑与城市规划学院向硕、博士研究生开设。经历 6 年的教学试验，目前汇编出版的这本《现代意匠》就是这几年教学成果的总结。如同教学大纲里写的"动手精神不能忽略"，这门课手把手地与学生共同探讨了这个古老话题的当代魅力，以与时俱进的方式将手工艺与设计重新连接起来。

[1] 本门课为同济大学建筑与城市规划学院针对已有的中文课程"建筑学前沿动态"开设的英文课,所以沿用"前沿"二字。

[2] Richard Sennett, *The Craftsman*, p.119.

[3] 从课程一开始,推荐选课学生参考主持教师张永和教授出版的《绘本非常建筑》来参考图示化的语言。

[4] 本课程的教学借鉴维欧莱-勒-迪克在《11到16世纪法兰西建筑类典》中的各种剖视图来向学生讲解如何呈现一座建筑的材料及构造层面,并且使工艺和建造问题凸显出来。维欧莱-勒-迪克的图如同人体解剖图一样将内层与表层展现无遗。他有很多以图解静力学方法绘成的图在讲结构原理,也使用很多带阴影的精致室内图来表现氛围。本课程正是受他图集的启发,来指导学生首先学习将建筑肢解开来认识建造流程与工艺特点。

[5] 舒瓦西发明了一种从建筑底部朝上看的轴测图,能很好地展现室内的覆顶,所以特别适用于呈现哥特建筑的尖拱顶。他的图给我们的启示是,当分析出某个案例在工艺、材料上最精彩的点之后,需要寻找到最适合表现的图解。

张永和

宾纳菲尔德、筱原一男、
巴瓦与莱弗伦兹：
对待工艺的四种态度

Bienefeld, Shinohara, Bawa and Lewerentz:
Four Positions on Craft

Yung Ho Chang

*本文最初发表于《时代建筑》，2016(3):154-161，作者张永和，译者江嘉玮、陈迪佳，本书收录时略有修改。

技艺体现出一种持久而基本的人类内心冲动，一种就是为了将事情本身做漂亮的欲望。技艺展现出的辽阔维度远不只精湛的手工劳作；它也存在于计算机编程、医术、艺术创作等方面；培育孩童若像（手）工艺那样越练越娴熟，它必然日臻完善，这就好比人类文明。在所有这些领域中，技艺聚焦于对物体进行衡量，在物体自身。

——理查德·塞内特，《匠人》

"物"，万物也；牛为大物，故物从牛。[1] 造化拟物以意，人力赋物以形。造物是人类遵循造物主之意志，将连贯或破碎的思想转化为实体物件的创造行为。

在中文语境下，我们选择采用"（手）工艺"这个新造的词来对译英文的"craft"，因为英文词"craft"笼统指"工艺"，并未特定包含"手"；然而我们认为"手"对于这个课题的研究非常重要。"handicraft"是另外一个词，专门指通过手来造物，手的痕迹会留在这些手工艺品上。尽管当今的建筑更倾向于工业产品，手的概念却依旧重要：手工作为制作的一个环节，它的影响力永远都在。因此，用"（手）工艺"来对译"craft"，其范围既包含了直接的手工艺，又包含机械化、智能化之后的工业建造。

假如我们更深入地思考"craft"的含义，那么中文可以有一种翻译是"意匠"，它指拥有奇思妙想的匠人；或者是"艺匠"，它指拥有技艺的匠人。这两重概念在中文里发音一致，它们共同构成一个复合的概念，即本专栏探讨的那一类"匠人"：它不仅指简单造物的人，而且指能够琢磨、浮想联翩和有神来之笔的人。从远古时代的茹毛饮血、采摘渔猎，到编织、冶金、锻铁、制陶等各类手工技艺，一直到当今成熟的各类机械加工技术，（手）工艺是人类建造房屋与城市乃至改造世界的手段，也是造物行为在人的脑力参与之下得以实现的独有方式。

（手）工艺讲的就是我们造房子的方式，它几乎涵盖了建筑师关心的所有基本话题：材料、结构、建造、建构等。这一章选择来自四个国家的四名建筑师，通过作品研读阐释他们各自对待（手）工艺的立场。

海因茨·宾纳菲尔德：跟随工艺
Heinz Bienefeld: Following Craft

海因茨·宾纳菲尔德（Heinz Bienefeld）是德国人，20世纪90年代早期去世。本文姑且将他描述为一名"反现代主义者"，尽管并不一定很准确，但这个提法能体现他对待（手）工艺这个概念的态度。他出身于匠人家庭，少年时为一名德国承包商工作。由于德国纬度较高，当冬天受限于严寒无法施工时，承包商就让宾纳菲尔德制图，持续整个冬季。他后来到德国建筑师多米尼库斯·玻恩（Dominikus Böhm）的事务所工作，玻恩设计了结构让人惊叹的建筑（图1），这对宾纳菲尔德影响很大。那个时候宾纳菲尔德认为自己是一名现代主义者。后来他获得机会去了美国，在纽约看到了SOM设计的里程碑式的利华大厦（Lever House）（图2）。宾纳菲尔德很不喜欢这种风格的建筑，他不愿接受这种现代主义，于是当他回到德国后，他开始关注古典主义。宾纳菲尔德从未获得过国际声誉。

早期的古典倾向与后来的院落住宅

宾纳菲尔德的建筑究竟何处特别？第一眼看上去，它的空间与材料都很直截了当。其实，当一个建筑师能够恰当地处理空间与材料这两件事情，他就能做很好的建筑了。宾纳菲尔德重返古典主义，他早期的房子显得相当古典，从他的分析图中可以看出，那时候他研究过帕拉迪奥（图3）。1968年完成的纳格尔宅（Haus Wilhelm Nagel）的空间布局遵循古典原则（图4），建筑师对古典建筑做了相当直接的转译。从中能够找到"剖碎墙体"[2]（poché，形状复杂的厚墙体）的做法：通过厚实的墙体将两个相邻空间塑造成相当不同的几何形态。房子外部有古典的山花与拱券。

后来，他开始设计带有庭院的项目。

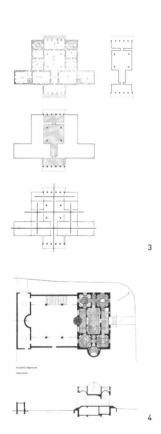

1972 年完成的帕德宅（Haus Pahde）不再采用古典布局，尽管读者可能会将它与古罗马的中庭住宅（atrium house）联系起来，但它看起来像一座现代的露台住宅（patio house）。宾纳菲尔德将砖作为主要材料，在门窗洞口处，他没有使用常规的钢筋混凝土过梁或钢梁，而是用砖来砌梁（图5）。在房子内部的庭院四周，作为结构的砖柱子往上收分，支撑起环绕庭院一圈的梁（图6）。在 1976 年完成的斯坦因宅（Haus Stein）里，宾纳菲尔德在窄长形的场地上设计了一个椭圆形的内庭院，它不位于房子的中心，但成了联系房子与花园的纽带。这是一个非常规的院子（图7）。

并置材料：砖、钢与玻璃

我认为霍特曼宅这个项目（Haus Holtermann, 1988）对宾纳菲尔德来说很重要，

展现出很多他对细节的考虑。宾纳菲尔德在外立面使用了钢柱，并充分展现出它与砖砌的柱子的区别。这些钢柱做得非常纤细，它背后的砖柱由两块砖一排砌成（图8），对比强烈。这个立面的背后是庭院（图9），庭院中的柱子使用石材，因而与其他部位区分开，强调自身的建造特性。排水系统设计得很精致，水管延伸下来后并未触碰地表，一道钢圈将它固定到地面上，这样它就清楚地成为了建筑中的非结构要素（图10）。石柱与基座的连接节点反映出宾纳菲尔德将材料、建造与空间作为整体来考虑。他试图将砖用到极致，并作为一种表现手段，比如在过梁上用砖，同时门底的砖砌踏步也经过精心考虑。

当建筑师使用一种材料时，往往会体现出他的独到理解。对宾纳菲尔德来说，需要充分展现砖和钢的区别。在舒特宅（Haus

11. 舒特宅中的两个不同立面
12. 宾纳菲尔德的图展现砖与玻璃的对比
13. 莱希–斯贝希特宅的玻璃立面与砖立面并置
14. 贝荷宅的"说事儿"的柱子

Schütte, 1978）里，砖墙带来了小的门窗开洞，而钢让界面充分打开，这两种材料表现为两种不同的立面特征（图11）。在平面上也能够看出，砖墙上的窗洞外小内大，如同一座古堡的窗。再次强调，砖与钢这两种材料分别被用在这座房子两个端头的立面上。

宾纳菲尔德后期的作品也经常将砖与钢并置。在莱希-斯贝希特宅（Haus Reich-Specht, 1983）中，砖与玻璃并列在一起（图12）。两种材料的性质都清晰地体现出来（图13），钢与玻璃建成的部分特别通透。

推向极致的建造逻辑与婉转的修辞叙述

我钟爱宾纳菲尔德的贝荷宅（Haus Bähre, 1984），在这里他力图将建造逻辑推向极致。立面上这些极为纤细的钢柱的结构作用非常微弱，它们反倒成了某种修辞手

15

16

17

法（rhetorical）[3]（图14），表征的只是作为柱子的意象。房子的背面没有使用一整根钢构件，而是将其细分得尽可能薄与轻。

最后介绍的这个项目，巴巴尼克宅（Haus Babanek, 1991—1995）由两座房子组成，一座钢宅，一座砖宅。砖宅的门窗开洞很小，而钢宅则完全用玻璃做围合。平面很简单，人从玻璃宅一侧进入，这一侧的钢构件同样极为纤细（图15），从一个钢楼梯可以抵达二层（图16），扶手上的螺栓位置都仔细设计过。这座住宅有两种排水方式。突出的排水管如同鸟喙，还有由形态跌落的混凝土块组成的排水槽（图17）。雨水的滑落在这里成了奇观，混凝土表面上奏出了一曲叮咚作响的欢快旋律。假如我自己住在这个房子里，我会祈祷每天都下雨。

总的来说，宾纳菲尔德跟从材料和建造的逻辑。他的建筑展现了砖的砌筑、钢的焊接和螺栓连接的（手）工艺，表达了材料本性。

日本建筑师筱原一男（Kazuo Shinohara, 1925—2006）同时着迷于日本本国的文化以及西方的思想。他对（手）工艺持有一个很特别的立场，概括地说就是"抽象"与"含蓄"。"抽象"意味着提取出图像中结构性的东西；"含蓄"意味着要包容事物并且区分出内与外。比起"抽象"与"含蓄"，或许"写意"与"隐晦"更接近筱原作品的本质。"写意"指以类似书写的方式将想法表达出来，不必像素描那样描摹物体；而"隐晦"则指向某种暧昧。

被隐藏的结构与构造

白之家(House in White, 1966)是筱原一男最负盛名的作品之一。从外观上看，它多少有点类似于日本传统的坡顶房子。这栋建筑最有趣的是剖面，一个卧室内嵌于尖坡屋顶，屋顶的结构很讲究（图18）。然而，筱原并不愿意展现屋顶结构，他认为那不是得体的日本思维，或许那样做太过直白地表现了荷载的传递。于是筱原用平天花将屋顶遮挡起来，室内唯一的柱子消失在抽象的白色水平面里，看不到它的终点。筱原不展现屋顶的结构逻辑导致了这种特别的隐藏结构与构造的方式。白之家的孤柱也是很独特的空间组织手法（图19）。筱原对欧洲的现代主义建筑和现代艺术都很感兴趣，却丝毫不希望效仿柯布或者密斯。

筱原用"抽象"的思想来转化建筑结构和空间。我不太肯定他是否钟爱贾科梅蒂（Giacometti）的艺术创作（图20），但我想他们的作品之间应该有联系。在未完成之家（The Uncompleted House, 1970）里，中心通高又狭窄的空间没有任何实际用途。人身处这个空间除了冥想，做不了其他任何事情（图21）。它的平面是对称的，很古典，筱原用这样一个细长的室内中庭空间将这座房子"撕"成两半。

罗马尼亚雕塑家布朗库西（Brâncuşi）一生大部分时间住在巴黎，他设计过一件名为"无尽之柱"（Endless Column）的雕塑品（图22），柱子在顶部仿佛消失了。比起贾科梅蒂的雕塑，这个作品对筱原来说更重要。在筱原的白之家和花山北之家（North House in Hanayama, 1965）里，都能找到这样一根无尽的柱子（图19、图23）。

建造是一门科学，同时是一门艺术。这意味着一名建造者必须拥有知识、经验以及一种对建筑与生俱来的感觉。建筑师是天生的。只有那些投身实践并用天然的材料创造出持久形式的人才会拥有建造技术与科学的知识。

——维欧莱-勒-迪克，"论建造"，《11 到 16 世纪法兰西建筑类典》

走向后现代：暧昧、矛盾与复杂性

后现代不仅有意思而且重要，它为我们提供了理解当今生活方式和建造方式的途径。"走向后现代"只是我用来表述筱原思想的一句概括语。马歇尔·杜尚（Marcel Duchamp）是首位发明观念艺术（Conceptual Art）的艺术家——想法比最终创作出来的作品更重要。他的一个跟建筑有关的想法是一件名为"新寡妇"（Fresh Widow）的作品（图 24），实际上就是一对法式窗（French Window），然而应该有玻璃的地方却是毛皮，越擦越亮，而且永远不可能是透明的。杜尚在这里玩了一语双关的把戏，既矛盾又暧昧。

从艺术到建筑，将物体或空间"概念化"对筱原来说非常重要。他的谷川之家（Tanikawa House, 1974）是为一位和尚诗人设计的，这位业主对物质生活要求不

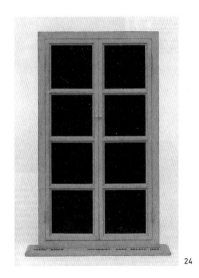

24

高。这座房子从外观上看就像一座普通的双坡顶房屋（图 25）。然而，山坡却穿过这栋房子里最大的一个空间，成为它巨大的坡屋顶下覆盖着的地板。这个空间有什么用途呢？有人将它称为"门厅"（lobby），的确，因为一进门就先来到这个空间。它两侧敞开（图 26），所以还有人将它称为"夏厅"（summer space），这也有道理。实际上该空间旁边的一组房间承担了日常起居的功能（图 27）。和尚诗人也许在这个开敞的、没有家具的、没有功能的土间里冥想、作诗。这个空间就像未完成之家的那个通高空间，是概念化的。

后现代主义是由"暧昧""矛盾"与"复杂性"这些词定义出来的，我们这个时代也是。我们都生活在后现代的社会中，现代主义的时代早就一去不复返。现代主义者们钟爱的"抽象"是将事物还原到纯粹和

杰弗里·巴瓦：
悬置工艺
Geoffrey Bawa:
Suspending Craft

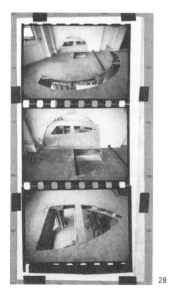

基本的状态，而现在的人们却不再相信"抽象"和"纯粹"。美国艺术家戈登·马塔-克拉克（Gordon Matta-Clark）曾经学习过建筑，他通过将房子切开或在房子里挖洞来创造复杂而暧昧的空间（图28）。当筱原一男设计东京工业大学百年纪念馆（Centennial Hall Tokyo Institute of Technology，1987）时，后现代主义的片段与冲突通过突兀的几何形体的插接和夸张的结构体现出来（图29）。筱原从早期设计中对（手）工艺的隐匿发展到了后期建筑中的形式的张扬。

杰弗里·巴瓦（Geoffrey Bawa，1919—2003）来自斯里兰卡，出身于一个律师之家，有欧洲血统。由于父亲是律师，母亲希望两个孩子都学习法律。巴瓦到伦敦求学并获得了法律学位，之后回到斯里兰卡的一家律师公司工作了几年。巴瓦在欧洲的时候经常去意大利，他想买一个意大利花园，但最终没有成功。回国后，哥哥建议他在斯里兰卡自己设计一座花园，巴瓦接受了提议，买了一座废弃的橡胶园，并开始规划景观。他突然意识到自己想成为一名建筑师，于是前往伦敦建筑联盟学院学习，并在将近40岁时拿到了学位。回国后，他在科伦坡的一家大公司工作，就此开始建筑实践。后来他开设了自己的事务所。巴瓦对设计的态度始于自己的生活乐趣。

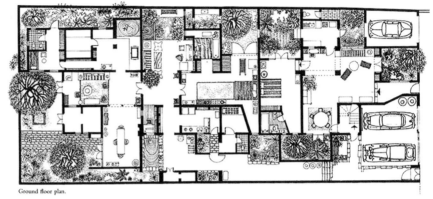

Ground floor plan.

34

31

32

33

巴瓦的系列住宅

"卢努甘卡"的意思是盐河，是巴瓦购置物业的地方，在这里可以看到巴瓦对这片土地进行设计的痕迹（图30）。他想要在基地上布置一系列房间，就像在一座建筑里那样。这是一种"手很轻"的设计，在技术上这不复杂，但对于营造场所感十分有效。这就是卢努甘卡庄园（Lunuganga, 1948—1998），一个巴瓦花了许多年时间来享受并思考建筑的地方。他从意大利带回许多古董和艺术作品，能看到意大利还萦绕在他脑海里。某种程度上，巴瓦将这里的植被都当作设计元素，让它们相融共处，而非恣意妄为。巴瓦将这里的一间旧农舍内部进行了修整，并加建出一个室外敞间（图31），他与合伙人在那里一起工作，还会开派对或者做其他的事情。

德·席尔瓦住宅（De Silva House, 1960—1962）是巴瓦最早设计的住宅之一，但已经能够看到有别于传统的迹象。斯里兰卡原本不存在带院落空间的住宅，然而巴瓦在这个设计中创造了院落。这个宅子是他为一位艺术家朋友设计的。巴瓦用传统建造技术，比如木屋架和瓦屋顶，建造房屋围合出一个大庭院（图32）。他将场地上的树保留下来，房间都尽量向景观开敞。几乎同期，巴瓦还设计了另一个院宅（House originally for Dr. Bartholomeusz, 1961—1963）。这个设计原来是为一个医生做的，但医生没有搬进来，最后巴瓦决定接手，将它作为自己的办公室。现在它是餐厅和画廊。人们首先进入一个院子，后面还有一层小院和后院。该住宅出现了多进院这种新的空间类型，但它仍与传统建造工艺相融合。在那个年代，古老工艺已经很罕见了。在这里，景观元素可以同时出现在屋

檐下的房子中和花园里（图33）。

看过卢努甘卡庄园、巴瓦的城郊别墅以及他在科伦坡的办公室之后，我们再来看看巴瓦在城里的自宅，它坐落于"第33巷"（33rd Lane, 1960—1998）。基地上原本有四座房子（图34），他很可能是先购置了中间的两座，然后再买下两侧比较大的两座。多年来他对这些房子进行实验，试图发展出一种在他看来只属于南亚的生活方式：斯里兰卡常年气温高，人们可以也应当生活在室外。巴瓦的自宅只有一个带空调的房间，当天气热到难以忍受时，他可以进去躲一躲。房子里有一个走廊，大概是由旧时的窄巷转变过来的（图35）。这里没有太多精致的建造细部，更多的是有趣的空间与光线。我猜测他非常喜欢传统工艺，然而传统工艺却变得越来越稀有。尽管巴瓦留学英国，但那时现代建筑技术还没有对

斯里兰卡产生深刻影响，因此，他宁愿悬置（手）工艺，只让人们享受空间、光线和景观。这也是他的建筑总是开敞的另一个原因。主要的起居空间是不封闭的（图36），餐厅通常也是开敞的。他收集老物件，它们并不起结构作用，更像是他在以某种方式重新利用古董。

红崖上的房子（House on the Red Cliffs, 1997—1998）是巴瓦的后期项目之一，此时他居住"户外"的观念因清晰而变得纯粹：这座房子基本上就是一个敞亭，大屋顶下塞了一个房间（图37）。如果这是建筑中唯一一个带空调的房间，那么这个房子的设计就与他在第33巷的自宅一致。在这里，本土的建造语言消失了，它被一种更加简单直接的现代建造取代。

38

39

38. 卡坎达拉玛遗产酒店的走廊
39. 钢铁公司办公楼

卡坎达拉玛遗产酒店与钢铁公司办公楼

卡坎达拉玛遗产酒店（Kandalama Hotel, 1991—1994）是巴瓦最重要的酒店项目之一，位于斯里兰卡一处重要的历史遗迹附近。酒店建造在一座悬崖上，巴瓦的策略是采取基本的建造体系——混凝土框架。所谓的大写的设计（the design with a capital D）就是将天然的石头、植物等景观元素带入建筑的方式。这些自然元素成为建筑的组成部分。真正的建造细部比不过这些景观。尽管它的建造系统就是非常基本的梁柱结构，但它不是常规的，因为柱和梁的尺寸和颜色在不断变化（图38）。巴瓦在使用惯常的钢筋混凝土框架系统的同时似乎还在玩各种设计的游戏，一方面保持基本的建造，另一方面当然是获得尽可能高的品质。我认为那就是巴瓦作品的品质。他的作品与我们熟知的彼得·卒姆托（Peter Zumthor）或宾纳菲尔德的作品非常不同，这两位欧洲建筑师设计中的砖石和金属工艺都不会出现在巴瓦的房子上。然而，每当巴瓦遇到机会，他都会尝试使用现代技术。他为一家钢铁公司设计的办公楼（Steel Corporation Office, 1966—1969）就是钢筋混凝土结构的（图39）。这座建筑造得比较粗糙，但结构形式具有表现力，仍值得一提。我没有实地考察过这个房子，我很想看看它到底有多粗糙，那些纤细的混凝土构件是如何表现出这种粗糙的。那种纤细本身意味着精确。

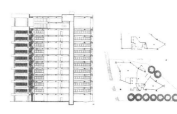

科伦坡菩提寺、印度马杜赖俱乐部与国家抵押银行

巴瓦设计的科伦坡菩提寺（Seema Mal-aka Temple in Colomba, 1976—1978）建造在湖面上（图40），他再次使用了传统的木构体系，却创造出了一种与众不同的空间组织方式。我认为学习巴瓦的作品对中国建筑师来说非常重要，他的作品与我们关系更近。这件作品提示我们，在中国做建筑不是要照搬日本或者瑞士的质量，而是要做出一种具有类似巴瓦态度的、有智慧的中国质量。

位于印度的马杜赖俱乐部（Madurai Club in India, 1971—1974），由于其遵循的传统与斯里兰卡的传统不同，因而巴瓦有机会使用一整根石柱。巴瓦曾说，他对材料和（手）工艺都感兴趣，但只有在机会适宜的时候才会运用（图41）。

45

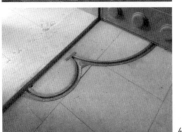

46

47

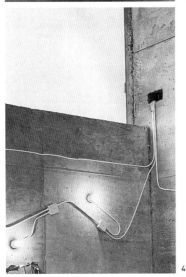

48

西格尔德·莱弗伦兹:
超越工艺

Sigurd Lewerentz:
Destroying Craft

巴瓦还设计了一座在这个时代具有典型城市建筑意义的现代建筑,位于科伦坡的国家抵押银行(State Mortgage Bank,1976—1978)。科伦坡的城市景观就像这样:铁路、棕榈树和佛塔并置(图42)。所有的元素都在相互拥抱,奇妙地将棕榈树挤在当中。仔细观察巴瓦的这座高层的设计:首先,基地不规则,设计充分利用了基地来获取最大可用空间(图43、图44);其次,巴瓦发展出一套位于窗台下的自然通风系统。可惜银行搬走后,一个政府机构将原有的内部空间切分,并安装了空调。尽管原来的设计看起来既不浪漫也不漂亮,但那正是巴瓦坚持的立场。想象一下,巴瓦在20世纪70年代时就已经在回应我们当下面临的一些紧迫问题了。

西格尔德·莱弗伦兹(Sigurd Lewer-entz)是瑞典人,长寿,最出色的作品都在80岁后完成的。他一生中最精彩的项目完成于他82岁那年。

林地公墓,回忆之丘

莱弗伦兹从做景观建筑开始入行。他与古纳·阿斯普隆德(Gunnar Asplund)是当时瑞典建筑界的两个主要人物。两人一道工作,共同设计了林地公墓(20世纪30年代)这一里程碑式的项目。其中,阿斯普隆德主要做建筑,而莱弗伦兹主要做景观(图45)。可以看到,莱弗伦兹把景观当作建筑来设计。山丘上的树被当作柱子,限定出一个小教堂一般的空间。那个时候的建筑在风格上仍然是古典的,但还是能发现莱弗伦兹设计的独具匠心的细部(图46)。

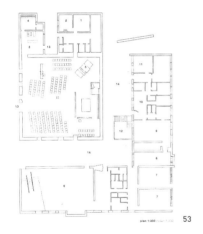

plan 1:300

53

longitudinal section 1:500

54

马尔默的东部公墓：花店

通过林地公墓项目，莱弗伦兹接触到并"拥抱"了现代主义。然而，在风格和形式之外，他似乎对组装一个房子的各个部分，尤其是组装一扇窗户更感兴趣。他发明了一套窗户系统，基本上就是一片玻璃和一个很细的金属边框，用金属夹钳固定到墙上。他在马尔默（Malmo）的东部公墓里设计了一个花店（Flower Kiosk, 20世纪60年代），是一座清水混凝土建筑。请注意这个被抬升的门，它没法符合今天的残疾人设计标准（图47）。窗户是按照他发明的建造方式安装的。有时候他对细部很在意，比如说图中的这处电线，似乎都成了某种过度设计，不过这也确实是设计的乐趣所在（图48）。

约克哈根的圣马可教堂

莱弗伦兹和阿斯普隆德在林地公墓完成之前就分道扬镳了，因为客户受不了莱弗伦兹的坏脾气，执意将他辞退。在很长一段时间里，莱弗伦兹没机会再做建筑，但他很有商业头脑。他为自己的窗户申请到一项专利，并开了一家公司来销售。很久之后，他才获得邀请参加圣彼得教堂的设计竞赛并胜出。作为建筑师，这件事改变了他的人生。他得到这个项目的时候是78岁。此外，他还获得了另一个项目，位于斯德哥尔摩附近的圣马可教堂（St. Mark's Church at Björkhagen, 1956—1964）（图49）。

这两座房子都用砖来建造。莱弗伦兹为自己订立一系列原则，其中一条是绝对不能切割一块砖。砖天生就具有一定尺寸，一个工匠可以一手握砖，一手拿铲。这种工作很有韵律感：拿起一块砖头，抹上砂浆，然

后砌上去。工地上的泥瓦匠技术很娴熟，他们知道正确的工法，可是只会这一种常规的做法。莱弗伦兹知道工人不会理解他想做的事，也不会照他的指令做。于是他不得不欺骗工人说就按照他说的去砌砖，砌完了这砖墙还会粉刷一遍。莱弗伦兹让工人不要切砖，而是通过改变灰缝的厚度或者宽度来塑造不同的形态。那时他年事已高，在工地现场他就坐在一把椅子上，拿着一根非常长的棍子，工人没有按照他的方法做的时候，他就用棍子戳他们。

圣马可教堂里有两套建造体系。其中一类是木建造体系，即教堂外面的独立棚架（图50），它由一系列沿着教堂外面的独立柱支撑起来。另一类是砖建造体系。事实上，除了木构棚架，整个建筑都由砖砌成。屋顶由一系列平缓的砖拱构成（图51）。莱弗伦兹有时候会用非常宽的灰缝（图52）。

他用不同的材料、不同类型的砖块、不同的砌筑方式做实验，最后他决定采用最简单的方法。当需要砌一个转角或者做一道弧墙时，他就用灰缝的宽窄变化调节砖之间的距离。在教堂内部，我们能再次看到从外部直接固定到墙上的窗户；从内部看，它就只是一个洞口。讲道坛显然不承重，采用通缝砌筑。

克里潘的圣彼得教堂

圣彼得教堂（St. Peter's Church at Klippan, 1962—1966）是莱弗伦兹职业生涯的高潮，这是他在设计竞赛中获胜的作品。从平面上（图53）可以看到，相对于形式创作，莱弗伦兹更关注建筑内部的使用流线。结合教堂的礼拜仪式，这个乍看奇怪的空间序列就会变得合理许多。同时，它属于社区，人们会来这里集会或举办婚礼。礼拜者

在周日会从几乎隐匿的前门进入，来到教堂的核心空间，也就是主堂；礼拜结束之后直接从主堂离开。教堂内还有一些公共空间和管理空间。显然，莱弗伦兹在建筑生涯的这个阶段已经完全摒弃建筑构图（composition）的观念，取而代之的是一种深思熟虑的空间／视觉体验（图54、图55）。

即使从当下的角度来看，莱弗伦兹的建筑似乎也是没有任何秩序的，它的每个立面看起来都混乱无章。他不拘泥于任何章法。这里有一个疯狂的不对称的壁炉烟囱（图56）。窗户简单到不可理喻，省掉了金属边框，依旧用四片金属夹钳和硅胶将一块玻璃固定到墙上（图57）。他以最基础的方式来理解建筑，几乎没人可以做到这一点。什么是一扇窗户？窗户就是墙上的一个洞口。如果需要将它封上，那么就往上贴一块玻璃，仅此而已。值得一提的是，

项目所在的克里潘是瑞典的一座环境糟糕的小城市，就像美国的郊区小镇那样。这种环境并未阻止莱弗伦兹完成各种令人难以置信的建筑细部。三个天窗（图58）在方向和砌砖方式上各不相同。门框是另一个细部，它不在墙里，而在墙外，就像窗玻璃那样（图59）。莱弗伦兹完全改变了细部的惯常概念。细部不再是一种优雅的东西，而是一个挑战智力的事物，迫使建筑师去思考砖是什么，砖的砌筑又意味着什么。要想给这样的建筑拍出好照片真是难事。在洗礼池这里，砌砖明确地表达了莱弗伦兹的建造原则，即不切割砖块（图60）。这座教堂是一个极为美丽的建筑作品，它的美并不是传统意义上的。遗憾的是，如今在瑞典或者斯堪的纳维亚都没有什么人在追随莱弗伦兹了。

通过这门课，我们可能会发现，设计什么并不是最重要的，重要的是我们能够尝试

去建造、理解建造、喜爱建造，不再仅仅将自己看作建筑师或者艺术家，而是一名建造者，并且从这个特定的角度来理解建筑。

1 引自清代段玉裁《说文解字注》。

2 Poché 的中文翻译一直众说纷纭。童寯翻译为"剖碎",结合音与义。葛明翻译为"涂黑",直接强调绘图中的动作。刘东洋提议翻译成"充囊",尽可能接近该词的法语原意以及 19 世纪巴黎美院传统中的引申义。

3 张永和在讲座中用了一个形象的汉语,叫"说事儿的"。"rhetorical"本意指文学上"修辞学的",引申到建筑中指在结构与实用功能必要性之外的,用于说明设计意图的做法。

4 日语使用"広間"这个词来指代这种大厅空间。

李翔宁

巴拉干自宅与个体生活之建构

La Case Luis Barragán and the Construction of an Individual Life

Li Xiangning

* 本文最初发表于《 时代建筑 》，2016(6):152-159，作者李翔宁，译者江嘉玮，本书收录时略有修改。

巴拉干的生平

Life of Luis Barragán

路易·巴拉干于1902年出生在墨西哥的一个叫作瓜达拉哈拉（Guadalajara）的小镇，距离墨西哥城不远。1920—1924年，他在瓜达拉哈拉的工程学院学习土木工程。1924年，他前往法国、意大利和西班牙旅行，观摩了当时在巴黎举办的现代工业和装饰艺术国际博览会（International Exhibition of Modern and Industrial Decorative Arts）。正是在这段旅行的过程中，巴拉干读了费尔迪南·巴克（Ferdinand Bac）关于园林的著作，非常着迷。

巴拉干不仅是一名建筑师，还是一个设计景观的高手，他的头衔很多时候也是景观建筑师。另外，他也是个小开发商。1925—1931年，他在家乡设计并建造了许多房子。1928—1931年，他前往纽约旅行，并在那里与许多西班牙建筑师保持联系。随后他去了法国并见到了费尔迪南·巴克，同

时还在巴黎采访了勒·柯布西耶，柯布推荐他去观摩萨伏伊别墅等建筑。1931—1935年，巴拉干继续留在家乡从业，直到因为项目匮乏而迁往墨西哥城。他在瓜达拉哈拉建成了革命公园，这是他为数不多的城市设计项目之一。

1936年起，巴拉干定居墨西哥城。随后他走向了"现代主义"，与他早年在家乡瓜达拉哈拉的设计风格有所差别。转向"现代主义"之后，他设计了不少欧洲现代主义风格的公寓楼和私宅。1940年起，他开始对为别人设计房子感到倦怠，于是决定为自己做些设计建造谋生。他买下一块地，造好房子后，出售其中一部分。1949年起，巴拉干开始涉足公共建筑领域，比如设计墨西哥城的教堂、小圣堂以及其他类型的公共建筑。1976年巴拉干在纽约当代艺术博物馆（MoMA）举办了第一次个展，策展人

是西班牙建筑师埃米利奥·安巴兹（Emilio Ambasz）。这次著名的展览将他推向国际舞台。1980 年，他荣获普利兹克奖。巴拉干于 1988 年去世，他的自宅在 2004 年入选联合国教科文组织的《世界遗产名录》。

巴拉干的草图（图 1）呈现缤纷的色彩，这些色彩在他后期设计的建筑中都能找到。这些明艳的色彩与墨西哥的气候环境相适应，充满了巴拉干的房子。巴拉干在西班牙旅行时被摩尔人的建筑深深吸引，尤其陶醉于格兰纳达的阿尔罕布拉宫。他一生中数度拜访这座宫殿，钟爱它的庭院（图 2）。他从这些阿拉伯建筑的花园对水的处理手法里汲取了灵感，在设计比较开阔的景观时，非常节制地运用水这一元素。他也曾去过北非考察。

尽管巴拉干着迷于现代主义，使用了跟柯布以及其他现代主义大师相仿的策略，但他认为，混凝土过于冰冷、难以亲近，因此应当在混凝土表面上做涂刷。于是，他使用了墨西哥以及北非国家的传统灰浆来涂刷房子的表面，使之变得粗糙（图 3）。另外，巴拉干对光的运用也非常讲究：他学习了前人的方法，比如他设计的位于墨西哥城的小圣堂与家乡瓜达拉哈拉的仓库中，光线效果存在相似之处（图 4）。

巴拉干还从古代建筑的废墟中获益良多。他将从废墟中感受到的时间的流逝、空间的转换以及建筑表面如何风化与老去内化为他设计中的那种亲切感，让使用者能够通过触摸墙面而感受到时光的流转，建筑和人一样，获得了生命感和时间感。

巴拉干的职业生涯或许可以按照设计风格分为三个阶段：①瓜达拉哈拉岁月，即巴拉干沿袭的传统墨西哥风格；②现代风格阶段，从他 1935 年迁至墨西哥城开始；③从

5

6

7

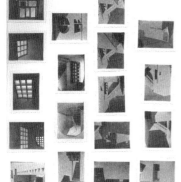

瓜达拉哈拉岁月

Guadalajara Years

1947 年起他回归传统，并在此基础上结合现代主义风格，发展出带有强烈个人色彩的新手法，自宅便是其中的代表作。

巴拉干曾读过景观建筑师费尔迪南·巴克的书《附魅之园》（*Jardins enchantés*）。书中有大量的插图，展现了不少造园实例（图5）。巴拉干曾经谈到，所谓的"附魅"（enchantment）就是建筑的一种诗性品质，让人着魔般醉心其中。

巴拉干在家乡设计第一座房子时，借鉴了之前参观意大利小镇阿西西（Assisi）时看到的一些建筑，从中学到拱券的设计以及顺应地形的非对称的布局。同时，巴拉干还深入研究了家乡瓜达拉哈拉以及墨西哥城的住宅（图6、图7）。他从景观中看出很多门道。面对辽阔的风景时，巴拉干不喜欢过多地介入，他采用的设计元素大多是有雕塑感的、体量很小的建筑物。路易·康曾经这样评价他："我在墨西哥遇到一位名叫路易·巴拉干的建筑师，他才华横溢。他造出的园子只有一丝流淌的水，却显得很辽阔。这种小中藏大的品质让他的园子无与伦比。"这基本上算是对一位景观建筑师的最高评价了。巴拉干深受家乡广袤风景的影响，在建筑中经常使用家乡出产的那种粗糙多孔的灰黑色火山熔岩。

巴拉干在早年造了一系列房子，被统称为瓜达拉哈拉风格（Guadalajaran style）。

冈萨雷斯·露娜宅

冈萨雷斯·露娜宅(González Luna House)是巴拉干设计的第一座住宅,与他中后期的建筑以及他的自宅在设计格调上很不一样(图8)。这座住宅粗糙的墙面质感保留了岁月的痕迹(图9),房子内很多地方都布满尘埃,尽管有些地方的材料腐朽了,却留有时光的风韵。巴拉干在房子的露台上使用了木格栅梁,这源于一种地中海建筑手法。露台与屋顶平台是巴拉干的建筑中持续出现的母题。他在庭院中培育绿化和植被,并引入室内。巴拉干总是尝试在住宅里造园,他会将房子放置到园子中,使建筑物与园子互动。住在房子里,从室内望出去就是园子。虽然身处城市中或人工环境中,但自然风景随处可得。这是巴拉干做设计的重要原则之一。

古斯塔沃·克里斯托宅

在古斯塔沃·克里斯托宅（Gustavo R. Cristo House）里，巴拉干试图让设计变得抽象，通过光与影在墙面上营造一种跳动的韵律（图 10）。墨西哥的工匠处理民居的墙面时有很多传统的做法，然而当他们面对钢筋混凝土的房子时，做法往往很单一。这也就是为何巴拉干总认为混凝土墙面太冰冷，需要进行粉刷。他研究过如何粉刷墙面，营造出各种粗糙感不同的墙面（图 11）。尽管有人不喜欢这类墙面，但对巴拉干来说，用手触摸墙面能让人与材料更亲近，而建筑表面所具有的触感也是现象学般建筑体验的重要来源之一。

弗兰科宅

巴拉干在 1929 年设计了弗兰科宅（Franco House）的庭院（图 12）。这栋住宅比起之前的小住宅来说，是巴拉干的一次新的尝试。它的墙面处理手法有好几种；庭院很小，但与风景跟植被的关系却依旧很紧密。巴拉干对装饰保持一种极简的态度，对传统的建筑类型进行抽象。他认为人应当亲近自然，建筑应该营造亲密的氛围。闪闪发光的金属墙面会让人疏远自然，而粗糙的墙面会令人感到安宁，感到时光的流逝。人能够在建筑中感受到它像树木一样慢慢老去。这些粗糙的墙面并非空白一片，它与投影其上的树影都有着鲜活的生命，好像能够呼吸一样。

12. 弗兰科宅的平面与立面
13. 巴拉干家族住宅的平面与沿街立面

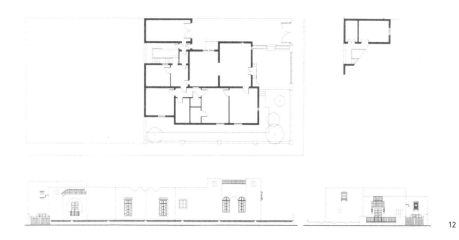

12

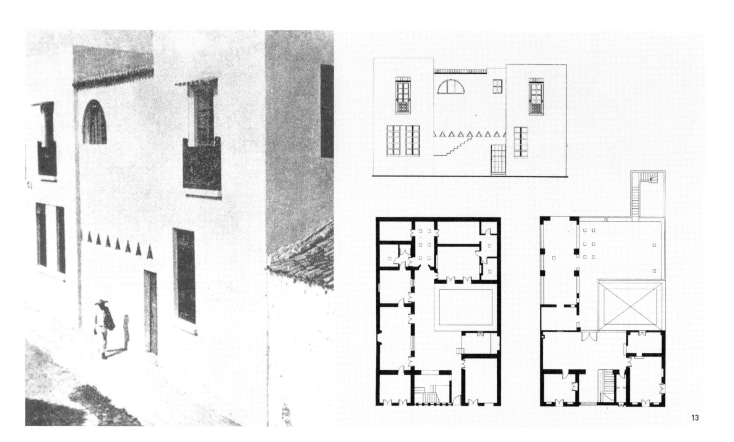

13

现代主义阶段
Modernism Period

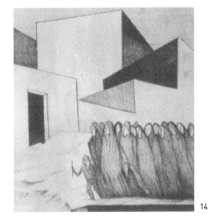

14

巴拉干的家族住宅

巴拉干在瓜达拉哈拉小镇上盖了他的家族住宅(Barragán Family House)(图13),并且经常回来住。这座房子带有中心庭院,与之前几栋水平向延展的住宅不同。

概括巴拉干在瓜达拉哈拉时期的作品特征,可以看到他对地中海样式的回应,以及他对家乡哈利斯科州(Jalisco)传统乡土建筑的再创造。巴拉干着迷于光与空间形态;致力于创造私密性;使用多彩色调;精致地处理空间的开与合;在小住宅中运用屋顶露台,拥抱自然。在巴拉干的早期作品中,并没有过多地运用颜色。墨西哥的民居里常常有蓝色、粉色等缤纷色彩,这成为了他后来常用的建筑色彩和语言。巴拉干试图营造一种氛围,即上文提到的,当人静处建筑中,却仿佛置身园子里的一种与自然亲密无间的环境感受。

巴拉干在1925年到欧洲考察,见过柯布西耶,拜访了他的新精神馆(I' Esprit nouveau Pavilion)。同时他还参观了康斯坦丁·梅尔尼科夫(Konstantin Melnikov)的苏维埃馆以及弗里德里奇·基什勒(Frederick Kiesler)的"空间之城"(City of Space),还有伽百列·吉福利堪(Gabriel Guévrékian)的立体主义景观。

在设计自宅之前,巴拉干在墨西哥城设计的房子多少受到柯布西耶的影响。尽管没有资料显示他去过科莫(Como),但他设计的早期建筑与特拉尼设计上的相似之处表明两者或许存在关联。尼德兰风格建筑师里特维德(Gerrit Rietveld)的施罗德住宅(Schröder House)与路斯的"空间体量规划"(Raumplan)设计策略在巴拉干的早期房子里都能找到些许踪影。在巴拉干的住宅里,楼层高低错落,体积感很明显。

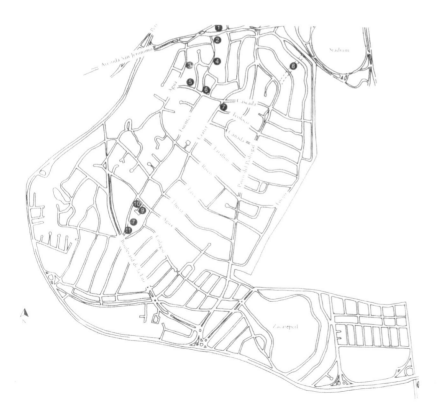

17

巴拉干与立体主义有明显关联。他家里收藏有立体主义画家何塞·克里门特·奥罗兹柯（José Clemente Orozco）的《队列》（*Procession*, 1930）（图14）。建筑的体量感和人物队列的秩序相映成趣。若有机会参观他的自宅，你会发现巴拉干在人生后期精心挑选物件并布置在他的家中。他的收藏，尤其是绘画与饰物，是他冥想的源泉。这就好比中国的人文造园，每一寸空间布置、每件器物饰品，都讲究精致独到，值得把玩甚至独赏。

佩德里佳园

20世纪40年代中期，巴拉干开始设计位于墨西哥城城南的佩德里佳园（Jardines del Pedregal）（图15）。对巴拉干而言，园林是休憩之地，供人冥想；景观设计就是要创造这种冥想之地。因此巴拉干总是更愿

19

21

22

巴拉干自宅
Casa Luis Barragán

意称自己为景观建筑师。他的园子里总有丰富的植被，以及恰到好处的雕塑与建筑。他设计的小住宅的花园里，一般只采用有限的界墙来围合出园子；在佩德里佳园项目里，巴拉干力图展现墨西哥城周边广袤的地景和火山的辽阔景观（图16），他的总平面设计多少体现了这一点（图17）。

这座公园设计容纳了很多自然景观的莽荒之处。这些地方如同废墟，巴拉干并未采取过多的人工介入。当人漫步在这公园里，自然的荒芜与设计的有序之间存在的界限变得很模糊，有些地方令人感觉仿佛没经过任何设计（图18）。巴拉干加进原有景观里的或许只是数级台阶、几处活水、若干构筑物，设计便已完成。他通过这种极其有限的介入方式来驯化自然的野性。

公园里有许多条路径供游人漫步。有时候会遇到路旁枯死的橄榄树，那失去光泽的

粗糙树桩成了一尊雕塑，时光在树桩周围流淌。巴拉干让自然为他完成一尊雕塑。他很喜欢在建筑中使用当地的灰黑色火山熔岩，他认为这种材料是接近墨西哥自然的一种途径。另外，喷泉也是这个公园设计里的独特之处（图19），这些活水从粗糙的材料中喷出，流淌，汇入无尽的莽荒。

回顾了巴拉干的生平与早期作品之后，下文将详细介绍巴拉干的自宅。在这里，我们能感受到它与当地建造传统的联系，还能感受到巴拉干的个人生活，他的爱、欲望和宗教信仰。巴拉干曾经提到，他的房子就是一本他的自传。普利兹克奖授予他的颁奖词中如此说道：巴拉干致力于创造尽可能得体的场景，以承载生命；他的自宅最密切地反

20

映了这种追求。每一件家居物品自身都凝聚着他绵密的人生思考，带来一种极致的独特，蕴含特殊的意义。这种精心的创作震撼了观者的心灵。这赋予了他的自宅一种虽难以界定但绝对令人难忘的品质。

这也正是笔者实地参观巴拉干自宅时的感受。巴拉干在领普利兹克奖时这样说：这个奖之所以颁给我，是因为我沉浸于将建筑当作一种诗意想象的崇高举动。因此，我不过是代表了那些被美打动的人。

我们需要警惕，在如今的建筑出版物里难以找到诸如"美""灵感""魔幻""出神""附魅""空灵""宁静""亲昵""惊异"这样的字眼。它们在我灵魂里扎了根，尽管我很清楚我的设计没能充分展现这一切，但它们永远都是我的指路明灯。

1947 年，巴拉干开始在自己购置的地块上建自宅，这是一座三层高的房子（图 20）。

从城市的立面看，它毫不起眼，但内在的"小宇宙"让人动容。车库布置于沿街立面的左侧，门比较宽，与中间的正门都刷成黄色（图 21）。供人进出的正门很小，体现出这栋住宅的低调。立面右侧有一个两米见方的大窗户，高于街道上人的视线，它的背后是起居室。

狭小的门厅空间里包含了三种元素：自然木、长凳与小门。从门上窗棂透进来的阳光点亮整个空间，使得由黑色火山熔岩制成的地板仿佛漂浮起来（图 22）。狭长的走道的尽端是粉色的门，巴拉干惯用明艳的颜色引导空间。

除去三四位用人，巴拉干基本都是独居。他生活得既奢华又简朴，每一个角落都布置得尽可能让自己用得舒服。过厅放置一张桌子、一把椅子、一个橱柜，还有一个神龛，楼梯井上投下的阳光照亮整个空

间（图23）。在这个过厅里，不同的门通往不同房间。巴拉干时常更换室内的家具和布局，以便适应自己不同时期的生活格调。

他的自宅没有按照一般人的标准来设计，而是为他自己量身定制；比如，他身高1.92米，自宅里的门恰好比这个高度高一点。自宅里的色彩全都按照他的品位来安排。餐厅里的瓷质碗碟釉色精美，摆放整齐（图24）。起居室墙上有一幅特殊的油画，画里的各种颜色也是他在自宅里使用过的颜色的集合。这是巴拉干委托他的艺术家朋友、瓜达拉哈拉老乡耶苏斯·雷亚斯·费雷拉（Jesús Reyes Ferreira）创作的油画，色彩斑斓（图25）；巴拉干的很多用色灵感都来自这类画作。他曾在窗台上摆放过两尊玻璃罐，蓝绿相映。这些物件的背后，是巴拉干静谧的花园（图26）。

巴拉干的精神生活与他的信仰密切相关。作为一名天主教徒，巴拉干每天按时祈祷，他祈祷的痕迹散布在整栋住宅里。他要求用人在清理房间的时候不要挪动物件的位置，一切都要保持原状。巴拉干是一个讲求精确的人，不过他设计的建筑并没有刻意将精确做到极致；极致了就难以放松，仿佛窒息。巴拉干的自宅里的那丝舒缓伴随着他的孤独。自宅里所有房间朝向街道的一侧都是密闭的，而朝向内院的一侧都开了大窗，这多少反映出其孤独而内省的生活状态。他曾说："人只有与孤独拥抱时方可找到自我。孤独其实是一个伴侣，我的建筑不服务于那些害怕孤独的人。"

自宅的二楼一共有三间房。巴拉干将自己住的那间卧室称为"白室"（white room），象征着人间；有一间室内布置得像小礼拜堂的房间，象征着天堂，这是他祈祷和冥想的地方；还有一间卧室象征着地

29

31

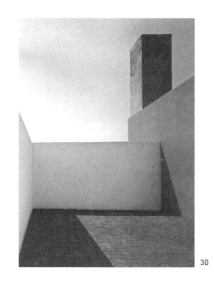

30

狱，墙上挂有一幅英格兰油画，画的是一匹马（图 27）。巴拉干钟情于设计马厩，马甚至成为他生命的一部分，这与他童年在农场长大密切相关。"地狱"象征了他自己精神痛苦的渊源，他因无法摆脱人生的七情六欲而产生深深的负疚感。在"地狱"里，巴拉干还摆放了一幅画，绘有阿西西的圣方济各（St. Francesco of Assisi）。圣方济各出身于富人家庭，后来放弃了富裕生活，皈依天主教，过着简朴的生活。巴拉干用这个典故来隐喻他的个人生活。他在自宅里所有的设计和装饰都是对自己生命的反思。

他的卧室像是修道院里的一个单间。巴拉干曾说："假如不承认宗教的精神性、不承认它是揭示'艺术何为'的神话根基，我们就根本不可能理解艺术以及它的荣耀历史。"巴拉干的卧室更像是一名僧侣的居室，而不是一个富人的居室。床很长，所有物品

都精心地布置（图 28）。巴拉干设计了一个绘有肖像的小相框，他很喜欢这道相框，希望每天醒来睁开眼都看到它，于是他设计了一个木制标记，提示用人清理完房间后务必将相框摆在准确的位置。他希望他设计的房间里的每个角落都是精准的。

在被他称为"天堂"的房间里，巴拉干常常静坐数小时，祈祷或者冥思。其中的一个耶稣受难十字架是他在欧洲旅行的时候购置的艺术品。整个房间看上去并不那么舒适，反倒很像一座私人的小礼拜堂（图 29）。这间房间平常只有巴拉干自己一个人进入，有一跑小楼梯从墙后通往屋顶露台。屋顶露台基本上也能算作一个小内院，向天空打开。巴拉干不断更改屋顶露台的布置，一开始设置的是扶手，人能够望向自宅的内院。不过后来，巴拉干将扶手换成一堵实墙，从而将整个屋顶露台四面围合。人在

30

露台上只能看见蓝天以及墙头上露出的树叶（图30），这种氛围很适合冥思。

巴拉干曾说："静谧是痛苦与恐惧的真正良药。时至今日，这更是建筑师的职责，在家居中创造静谧，不管华丽或谦逊。我在设计中总是尝试达到静谧，但我们也需要警惕，不要因为不辨雅俗而破坏了这种静谧。"静谧是极简主义建筑的品质之一，人置身其中，没太多机会朝外观望，眼前涌现的都是安宁。

自宅的起居室两层通高。一开始这个起居室只是像个酒窖，朝向内院一侧设落地玻璃窗，朝向主街道一侧开了一个高于人眼视线的大窗。起居室天花板由木格栅梁构成。巴拉干后来用一道一层楼高的隔墙将整个起居室分隔为若干个子空间（图31）。起居室布置有不少沙发，却只供巴拉干自己一个人使用。巴拉干安装了电铃，可以随时呼唤佣

人。他在起居室里布置了极简主义艺术家加斯帕·琼斯（Jasper Johns）的画，整个空间里布满他从北非和欧洲带回来的物件，还有墨西哥本土的收藏。这些散布在空间中的物件和建筑的空间产生某种张力。

起居室朝向内庭院的大窗户将光与绿意引入室内（图32）。安藤忠雄（Tado Ando）曾参观过巴拉干自宅，很可能从这扇大窗中汲取了灵感，回日本后设计了光之教堂。安藤忠雄以这种方式向巴拉干致敬。这扇落地窗户建立起通透的室内外关系，巴拉干将它设计成无框，将这种关系推向极致。墙壁成为延伸过窗界面的元素，阳光带入宁静与安详。这正是巴拉干一生追寻的静谧。

巴拉干的工作室与自宅有一墙之隔。他的工作室里充满各种颜色，配上火山熔岩以及木头的色泽，整个空间光彩照人（图33）。工作室靠着一个小庭院，巴拉干在庭院里

放满各种陶器（图34）。这些陶器用来制作墨西哥的特色龙舌兰酒（Tequila）。庭院里有一个小水池，墙上嵌有一段木头，内藏水管，水从中流出。这个设计动人的地方在于，池水溢出池子边界漫过地面，干燥时呈灰色的地砖遇水后变深色，反射出整个天空（图35）。"宁静"是巴拉干园林设计的主题。他曾谈到他理解的"宁静"："我在设计园子时总是尽力创造一种宁静的氛围。我让宁静在我的居室中呢喃，让宁静在我的喷泉边歌唱。"当水从管子里慢慢溢出而落入池子里时，你能够感受到它的歌声。

（手）工艺不仅限于技术，或者说技术层面的工艺只是一种手段，而通过工艺使建筑设计上升到一种哲学的层面，才是巴拉干试图达到的境界。本文对巴拉干的研究视角是现象学式的，不在于表现建筑的技术。通过触摸建筑师创造出来的粗糙墙面，体验一

个房间一天光影变幻中的安宁，感受一座园子的灵韵，我们在接近建筑师的个体生命。巴拉干曾经提到："我对我父亲农场的回忆贯穿了我全部的作品。我的设计尝试将对远方的故乡的渴望转化到眼前的世界中。"巴拉干的记忆之锚是他家乡的农场和景观。当他慢慢变老，他逐渐转向追求这种传统，不再像早年那样秉承现代主义的设计格调。从巴拉干的建筑里，我们看到一位成长于农场并接受过良好家庭熏陶的建筑师的职业生涯以及真实生命。"就像埃米利奥·安巴兹（Emilio Amebas）在为我纽约展览出版的书里指出的那样，我的建筑就是一部自传。在我毕生的设计里，我一直追寻在拥抱现代生活的进程中回望远去的故乡。"

王骏阳

尤恩·伍重：
现代主义与复合工艺

Jørn Utzon:
Modernism and Hybrid Craft

Wang Junyang

*本文最初发表于《时代建筑》，2017(1):140-145，作者王骏阳，译者江嘉玮，本书收录时略有修改。

现代主义及其多维视角
Modernism and Its Multiple Perspectives

现代主义与复合工艺是本文的两个主题，一体两面，都指向伍重建筑思想的独特性。在进入伍重的思想与作品之前，本文首先阐释与现代主义相关的一些问题。

在现代建筑史中，西格弗雷德·吉迪恩（Sigfried Giedion）的《空间·时间·建筑：一个新传统的成长》（Space, Time and Architecture: the Growth of a New Tradition）是一部影响深远的著作。该书首版于1941年，内容来自吉迪恩多年在哈佛大学的讲座集成。自面世以来，它经历多次修订与扩充，最后一版也就是第六版于1969年发行。这部书一开始像是现代运动的鼓吹之作，但吉迪恩在修订时以北欧建筑师作为例子，修正了现代建筑运动的发展轨迹。

吉迪恩在这本书1949年第二版中，将世人目光引向了阿尔瓦·阿尔托（Alvar Aalto），并以此导向诸如情感、氛围、生命激情、国家性格等有别于单纯功能主义的维度。在第三版中，吉迪恩加了一个命名为"尤恩·伍重与第三代建筑师"的小节。吉迪恩强调：我们在伍重的建筑中能看到，它"一方面关联着自然和过往的广袤元素"，另一方面"完全掌控了同时代的工业生产方法，尤其是预制技术"。

通过提及北欧建筑师比如阿尔托与伍重，吉迪恩认为我们有必要修正现代建筑的发展，或者用他自己的话说，"这是一种新传统的成长"。随后，他清晰指出了两种发展趋势：新地域主义与新纪念碑性。对他而言，这两者将使国际现代主义运动更好地扎根于空间与时间。

吉迪恩在晚年时出版了一部著作——

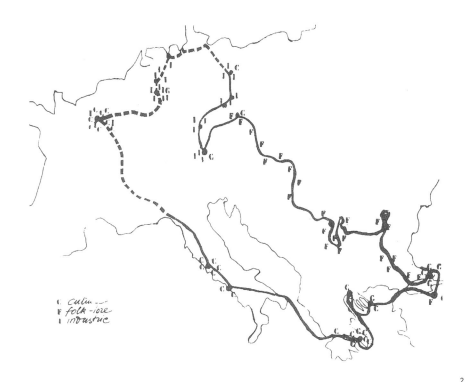

《永恒之当下》（*The Eternal Present*）。此书有两卷，第一卷为《艺术之起源》，第二卷为《建筑之起源》。究竟什么是永恒之当下？"永恒"（eternal）这个词，或许可以跟"太初"（primordial）、"起源"（beginning）这些近义词联系起来理解。这给我们带来了关于当下的某种新认识，不仅关于当代的美学，而且关于当代的社会需求与生产方式。

在很大程度上我们可以认为，伍重的建筑给这些思想提供了绝佳的解释。不过，我认为吉迪恩只字未提关于现代主义的另一点，那就是，现代主义同时是一种跨文化主义（transculturalism）。高更、毕加索、马蒂斯的画作受到南太平洋、非洲、亚洲的影响（图1），而这些影响极大地改变了西方绘画。

在建筑中，这种现代主义的传统在

2

伍重的成长与《营造法式》
The Upbringing of Utzon and *Yingzao Fashi*

勒·柯布西耶那里最为显著。1911年，当时的柯布还处于成长期，他进行了一次后人熟知的东方之旅。这次旅行令柯布大开眼界，他不仅看到了西方的建筑宝藏，还游历了伊斯兰世界尤其是伊斯坦布尔的风土建筑（图2）。柯布留下来的相关旅行手稿收录于他自编的《全集》（*Œuvre complète*）。

他的皇皇论著《走向一种建筑》（*Vers une architecture*）初版于1923年。不过这书在1927年的英译本却换了一个书名叫《走向新建筑》（*Toward a New Architecture*），显然是为了宣传和鼓吹。80年之后，也就是2007年发行的一部新的英译本，遵从了原题目《走向一种建筑》。为何这个细节上的差异很关键？我认为，柯布在这本书里，探索的不是新事物，或者说至少不全是新事物，而是如吉迪恩所言的"永恒之当

下"。翻看这本书的插图，我们自然明白柯布的意图。

瑞士建筑史学家阿道夫·马克斯·沃格特（Adolf Max Vogt）关于柯布的研究很有意思。他在一本著作中将柯布称为"高贵的野蛮人"（the noble savage），并将此研究命名为"走向一种对现代主义的考古学"（Toward an Archaeology of Modernism）。

或许我们未必也能将伍重称作一个"高贵的野蛮人"。跟柯布不同，伍重不是画家，尽管他确实有明显的绘画天赋。他非常欣赏瑞典画家卡尔·絮贝尔（Carl Kylberg），他在青年时代曾徘徊过要不要像絮贝尔那样成为艺术家。于是伍重去征求

他在丹麦皇家艺术学院任教授并兼做雕塑家的堂叔埃纳·伍重-弗兰克（Einar Utzon-Frank）的意见，最后伍重顺从了那个时代的职业标准，选择成为建筑师，因为这样更保险。尽管如此，伍重在许多年后回忆说："卡尔·絮贝尔带给我最重要的启迪是对自然的体验。这一点充分体现在他的绘画中，那些画有着诗一般的博大精深。我与卡尔的交往对我的建筑师生涯而言是宝贵的财富。"

因为堂叔埃纳的关系，伍重小小年纪能接触到他令人叹为观止的私人图书馆和艺术品收藏，来自俄罗斯、非洲、希腊、中国、伊斯兰世界等，这给伍重打开一扇望向世界的窗。

伍重的父亲是个造船人。伍重年幼时，他父亲曾在奥尔堡（Ålborg）、赫尔辛堡（Helsingør）等地方相继经营过船坞。他设

3

计轮船和游艇，并且对各种设计都感兴趣，于是他带着全家人去参观了1930年的斯德哥尔摩博览会。古纳·阿斯普隆德（Gunnar Asplund）是这届博览会的主要协调人与设计者，这次盛会歌颂了功能主义和现代建筑。毫无疑问，这届博览会给年仅12岁的伍重留下了关于现代建筑的深刻印象。

不过伍重19岁时却是在哥本哈根皇家艺术学院开始了他的建筑教育。这所学校整合了古典设计与功能主义设计，当时建筑学院里的领衔教授是凯尔·菲斯克（Kay Fisker）与斯坦因·埃里尔·拉斯姆森（Steen Eiler Rasmussen）。他俩都不热衷作为一种风格的功能主义，都青睐理性的以功能为导向的设计。有趣的是，俩人都在东印度公司的资助之下到过中国。

更重要的是，在凯尔·菲斯克的教学中，"建造逻辑"（constructive logic）

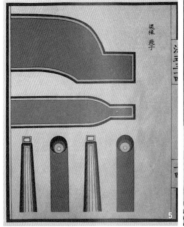

是建筑中亘古不变的基础。在现代时期的丹麦，这种理想在建筑师詹森 - 克林特（P. V. Jensen-Klint）的格伦特维教堂（Grund-vig's Church）里展现得淋漓尽致（图 3）。这是斯堪的纳维亚哥特砖传统的杰作。这教堂表达了詹森 - 克林特所坚持的"材料诚实性"与"技艺"。这种坚持无疑为伍重制定了一个标准。

伍重的另一位重要老师就是斯坦因·埃里尔·拉斯姆森。在中国，拉斯姆森的代表著作就是《体验建筑》这本书。1932 年，拉斯姆森在哥本哈根的装饰艺术博物馆策划了"英国应用艺术"（Britisk Brugskunst）展。对拉斯姆森以及伍重而言，英国的手工艺品有着典雅以及不拘一格的功能主义倾向，它表征了一种现代设计的理想。拉斯姆森在 1925 年访问了中国，随后在 1935 年出版了他的旅行笔记和手稿，1958 年将其扩展为

一本精美的图书——《中国之旅》（Rejse I Kina）。

丹麦长久以来对中国有着浓厚的兴趣，不过，我们不要将 20 世纪丹麦学者对中国的兴趣与自 17 世纪后半叶起席卷欧洲的中国风（Chinoiserie）相混淆（图 4）。中国风热衷的只是源自中国的异域装饰图样。显然菲斯克、拉斯姆森、伍重关心的并不是这些。

丹麦皇家艺术学院的图书馆藏有来自 12 世纪中国的建造典籍《营造法式》（图 5）。字面上看，它大致讲的是建造标准。这书由埃纳·伍重 - 弗兰克捐给图书馆，它令伍重魂牵梦绕。当然，这同时也是一部艰涩难懂的书。在当时的建筑学院，伍重与托比亚斯·费博（Tobias Faber），还有后来的汉学家顾迩素（Else Glahn）组成了一个三人研讨小组，都着迷于《营造法式》。

托比亚斯·费博后来当了建筑学院的院长，与伍重结有一生的友谊。顾迩素后来成了《营造法式》的研究专家，她与其他学者都在《科学美国人》（Scientific American）期刊上发表过论文。她曾在北京清华大学与梁思成一同工作，梁去世后，她继续留在中国从事研究若干年，整理梁思成对《营造法式》的研究。后来她返回丹麦，担任奥胡斯大学（University of Aarhus）东亚研究所的所长。有趣的是，伍重在 1958 年访问北京时，梁思成慷慨地赠送给他一本 1925 年版的《营造法式》。

1935 年，日本学者吉田铁郎（Tetsuro Yoshida）出版了《日本の住宅》这本书的德语版（Das Japanische Wohnhaus），将日本建造体系介绍到了欧洲，也就包括了丹麦。类似《营造法式》，这本书给伍重的建筑职业生涯也带来过启发。

伍重职业生涯早期的见闻

Learnings in Utzon's Early Career

纳粹德国在 1940 年入侵丹麦。两年之后，伍重完成了他的论文，旋即动身去了斯德哥尔摩。那时的斯德哥尔摩免遭了德国入侵，成为了斯堪的纳维亚建筑师汇聚的繁华大都会。

伍重在斯德哥尔摩与挪威建筑师阿尔内·克尔斯莫（Arne Korsmo）成了好友。伍重去听了阿尔托的讲座，并参观了赖特展。他还去参观了阿斯普隆德与莱弗伦兹一同设计的林地墓园（Woodland Cemetery）。伍重在瑞典国立民族博物馆看到了一座模仿日本茶室的建筑，很受启发（图 6）。这座建筑首建于 1935 年，然而在 1969 年焚毁，后来在 1990 年复建。

伍重在斯德哥尔摩还获得了机会继续研究中国建筑。他得到了一本瑞典汉学家喜仁龙（Osvald Siren）在 1942 年出版的巨著《中国艺术三千年》（*Kina's Konst under Tre Årtusenden*）。他同样着迷于丹麦建筑师艾术华（J.Prip-Moller）的书《中原佛寺图考》（*Chinese Buddhist Monasteries*）以及德国摄影师兼雕塑家卡尔·布洛斯菲德（Karl Blossfeldt）的《自然奇观》（*Wunder in der Natur*）。不仅如此，苏格兰生物学家、数学家及古典学者达西·汤普森（D'arcy Thompson）的《论生长与形态》（*On Growth and Form*）也为伍重的建筑研究提供了一个来源（图 7）。

战争结束后，伍重回到丹麦，旋即与托比亚斯·费博合写了一篇《今日之建筑趋势》（*Tendenser i Nutidens Arkitektur*），并发表在 1947 年的《建筑》（*Arkitekten*）期刊上。肯尼思·弗兰姆普敦在《建构文化研究》中写道："伴随着这篇宣言一并出版的有 28 张插图，其中，11 张关于自然形态（菌类、晶体、地景等），9 张关于乡土建筑，5 张关于

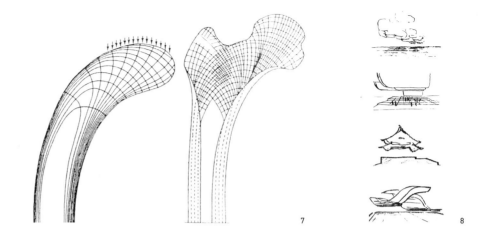

赖特与阿尔托所谓的有机建筑。"从对这些图片来源构成的分析中，我们能感受到伍重与费博在追寻什么。

1964年，伯纳德·鲁道夫斯基（Bernard Rudofsky）在纽约现代艺术博物馆策划了名为"没有建筑师的建筑"展，并出版了同名书籍。它歌颂的是被鲁道夫斯基称作非正统的建筑，意指那些无名的建筑，或者说是风土建筑。然而，弗兰姆普敦指出，早在鲁道夫斯基这本书之前，伍重与费博就已经转向了无名的建筑。

伍重在1948年短暂到过摩洛哥，大约在60年之后，他写了一篇文章《徒步摩洛哥，1948》（Morocco on Foot, 1948）。伍重在摩洛哥也做过一个住区项目，而这个设计的立面图，被弗兰姆普敦用在了其《建构文化研究》书的封面上，这显示出伍重对这本书的重要性。

之后伍重获得了一个旅行基金资助，到北美旅行。在这次旅行中，他到西塔里埃森拜见了赖特，在芝加哥拜见了密斯。不过更重要的是，他借这个机会去了墨西哥，游历玛雅人遗址，这段经历后来在伍重的思想与作品中产生了持续影响。

伍重返回丹麦后，将自己的经历写成一篇文章《高台与高岗：一位丹麦建筑师的思考》（*Platforms and Plateaus: Ideas of a Danish Architect*），并在1962年发表于意大利杂志《黄道》（*Zodiac*）上。有趣的是，文章配图中有一张对中国建筑的抽象图解。这后来演变为关于"基座/屋顶"（earthwork versus roofwork）的范型（图8），这在伍重整个建筑生涯里发挥了重要作用。

从某个角度看，悉尼歌剧院有力地实现了这个范型，它引向吉迪恩所说的新纪念碑性问题。它有奇特而张扬的形式，易于辨识，就像我们这个时代中盖里、MAD这些建筑师的作品。但这绝不意味着我将伍重等同于这些建筑师。最明显的区别是，伍重呕心沥血探索建造逻辑，然而盖里与MAD并非如此。接下来，我将通过伍重的一些作品来呈现他如何在实践中坚持建造逻辑。我们从他的一些形式相对平凡的项目开始。

伍重的两座自宅

Two Self-residences by Utzon

伍重的第一个作品是他于 1952 年在赫里贝克（Hellebaek）建成的自宅（图9—图11）。这座建筑水平屋顶的低矮出挑线条以及水平窗显然受到赖特与密斯的影响，它让人联想到赖特的美国风住宅以及密斯早期的砖宅。不过根据费博的说辞，伍重盖这座自宅时并没有画图，现存档案中所有关于这项目的图纸都是后来增补的。

伍重的设计从一堵砖墙开始，砖墙上的门洞作为主入口。墙后是车库，通过雨棚与主入口相连；而墙之前是厨房与浴室，作为两个固定的核心。伍重用轻质隔墙划分出屋内的其余房间，整座建筑采用 12cm 的模度，从门到壁橱等部件的尺寸从 48cm 到 60cm、72cm、84cm 不等。伍重在第二次世界大战期间参观过的位于斯德哥尔摩的日本茶室给他带来的触动明显体现在这座自宅里，他使用了轻质的木结构与梁柱体系。数

年之后，伍重将房子扩大了一倍，并形成了一个内院。他后来曾写过他的设计方法："这房子在各个细节上都体现了匠作技艺，不过很多处理方式都跟工业化生产有关。我追求一种工业的且廉价的构件生产方式，一旦将它们装配起来，它们将带来类似手工匠作的多样可能。这也满足了顾客、基地等各方的需求。"

下一个项目是伍重于 1971 年在马约卡（Majorca）建成的自宅。伍重用妻子莉丝（Lis）的名字命名了这座房子。它显得更像是手工艺成品而不是工业产品，伍重所采用的材料与结构体系有别于在赫里贝克的自宅。莉丝宅矗立于海滨悬崖边上，这儿的气候与赫里贝克也有所区别。房子由几组体量构成，起居空间布置在中心（图 12、图 13）。

它基本上由石头砌筑而成。伍重到现场与当地石匠一起合作，依据一定的模度切削石头。伍重不仅仅是设计师，他还是建造者；我们可以用"大匠师"来概括他，正如这个词本来就是"建筑师"一词的起源。

这座自宅的建造逻辑简单且清晰可辨。石质柱子与墙身上放置混凝土梁，梁间布置构成天花板的陶土小拱，拱上放屋顶板，最后摆瓦（图 14、图 15）。在门窗洞等开口处使用混凝土过梁。整座自宅清晰展现梁如何与柱子相交、陶土小拱如何安放到梁上。

在某些地方，比如房子的背部及中心起居空间，我们就看不到这种在其余地方清晰呈现出来的建造逻辑。从剖面上看，起居室部分的混凝土梁实际上藏在石材面板后面。起居室朝向大海，阳光出人意料地照射进来（图 16、图 17）。

张永和在他的讲座中解释了西格尔德·莱弗伦兹（Sigurd Lewerentz）如何将窗户装到墙上，做法很生猛。伍重采取了

其他住区项目
Other Housing Projects

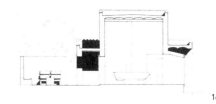

16

17

18

19

类似的方法，整个窗框都装在墙外，所以人从室内望出去就看不到窗框，只剩通透的玻璃。这成了这间自宅安装窗户的标准做法。伍重原来设计了一些朝向大海的开口，后来因为潮湿的海风影响了伍重与他夫人的健康，伍重不得不在这些开口上装上窗户，也依旧采取了相同的做法。当岁月逝去，这座自宅愈臻成熟，它的庭院愈发曼妙动人。

我们从伍重的自宅来到他的住区项目。这个住区项目位于丹麦的弗雷登斯堡（Fredensborg），建成于1965年。据说伍重在1958年中国之旅中看到的北京四合院民宅给了他设计上的灵感。不过，伍重其实在到中国之前，就已经于1957年在赫尔辛堡郊区的金果（Kingo）地区完成了一个相似的住区项目。在金果住区项目中，伍重的设计灵感不仅仅来自北京四合院，还来自丹麦传统的建筑及阿拉伯的小镇。这些住宅里的烟囱设计灵感甚至都来自伊朗小镇，比如亚兹德（Yazd）民居的通风柱（图18、图19）。

庭院形式来自伍重自己称作"单元累加建筑"（additive architecture）的想法。这种方法是从标准构件产生各种变例。伍重将"单元累加建筑"的概念也用到了家具设计上，比如他在1968年完成的Utsep家具就体现了这点（图20）。伍重的家具累加系统与中国的《清式营造则例》有非常有趣的可比之处。

59

大型
公共建筑实践

Practice in Large-Scaled Public Buildings

20

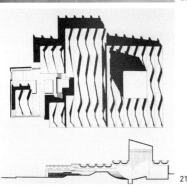

21

22

伍重的住宅项目都很平凡。不过,他的大尺度公建设计确实不可否认地壮观,尤其体现在屋顶形式上。伍重关于屋顶的设计图解来源于他参观过的玛雅金字塔所处的高岗,这最终体现在关于基座与屋顶的显著对峙中。伍重创造出一种意象:在敦实的石砌基座上,有悬浮着的屋顶形式,比如典型的中国大屋顶,就好像云朵漂浮在大地上。这些云朵都是自然形态,而且是有机的。

不过对伍重而言,假如要让这些自然和有机形式在建筑中成立,它必须要同时成为结构形式。事实上,伍重在整个建筑职业生涯中为屋顶设计过很多种结构形式。在1964年苏黎世歌剧院的竞赛方案中,伍重设计的屋顶是折板结构,悬浮于基座平台之上(图21)。伍重赢得了这个竞赛,然而方案并没有被实施。

在1959—1960年完成的德黑兰国家银行项目中,屋顶的大跨度预张拉钢筋混凝土梁之间留有狭窄的进光缝,这是伍重去过德黑兰与伊斯法罕当地的市集后获得的启发(图22)。

1977年,伍重建成了位于哥本哈根市郊的巴格斯瓦德教堂(Bagsvaerd Church)。项目的概念草图再次显示伍重受到这种景色的影响,那就是天空中飘浮着屋顶一般形状的云朵。这些云朵形态将被转化为教堂的真实屋顶,覆盖着底下的宗教活动。

这座教堂的原型可能来自斯堪的纳维亚,或者准确点说,来自挪威的木造教堂(Stave Church)。然而,伍重的设计方法总是跨文化的,所以,挪威木造教堂的原型与阿拉伯书法结合到了一起。伍重钟情于阿拉伯的书法,并将其与云的形态融合,设计出了这座教堂中殿上的薄壳拱状天花,充分展现出了阿拉伯书法在线条上的自由与优

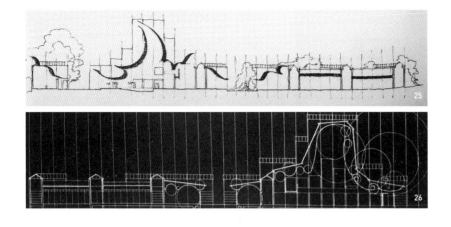
25

26

伍重与
《中原佛寺图考》

Utzon and
Chinese Buddhist Monasteries

23

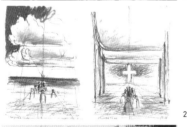
24

27

雅。不过这些行云流水般的天花在室外并看不到。奇特的是,这座教堂的外部形态让人联想起中国长江三角洲的民居。可以说,这座建筑融合了各种文化,或许可以说是隐喻了全世界的建筑(图23—图25)。

不过,在给这个云一般的屋顶确定建造方式时,伍重就像往常一样采用了几何方法(图26)。他使用不同大小的圆相接构成最后的屋顶形态。如此一来,伍重的设计从表达情感走向了表现理性。

这个薄壳屋顶是现浇的,在现场搭好密密麻麻的支柱,撑起木模板。这个屋顶的跨度长达17m。伍重与工程师紧密合作,保证这个结构高效并合理。最后浇出来的屋顶厚度不超过10cm,相当惊人(图27)。

伍重一生做过很多项目,有些没有付诸实践。他于1962年在丹麦锡尔克堡(Silkeborg)设计了一个博物馆,但最后没有实施。总体上看,这个设计是一个地下空间,除了主入口及地面上的一些采光井。委托人是丹麦艺术家阿斯葛·尤恩(Asger Jørn),他是以原生艺术(art brut primitivism)闻名的国际眼镜蛇画派(CoBrA)的创始人。

如前文所提及,伍重早年就已经从艾术华的《中原佛寺图考》中熟知了地下的中国建筑结构。所以我们不难从艾术华的书与伍重的设计图里找到一些关联。

伍重在中国时去了云冈石窟,在那里他看到数不清的佛像藏于各个洞窟中。这给他带来了灵感,在锡尔克堡博物馆里设计了这些如同洞窟一样的空间。我们再一次看到伍重的建筑思考与中国之间的奇妙关联。

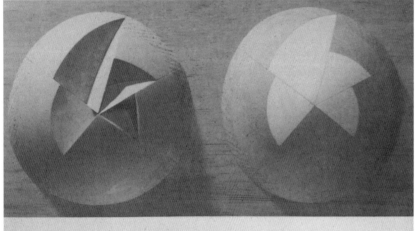

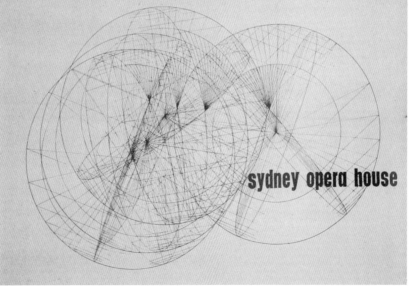

悉尼歌剧院
Sydney Opera House

最后我们来看伍重最负盛名也最富争议的项目——悉尼歌剧院。这是一次国际竞赛，伍重拔得头筹，首度蜚声国际。然而，设计与施工都一再拖沓，建造费用远远超出原有预算，政治压力骤增，迫使伍重在项目完工前辞去总建筑师的职务。从某种程度上说，他成了政治斗争的牺牲品，建造的整个过程最后成为一个悲壮的故事。

然而，悉尼歌剧院仍旧被认为是伍重职业生涯里的最大成就。从建筑的角度看，这个项目实现了他早期关于基座与屋顶的图解。在伍重参加悉尼歌剧院的竞赛之前，混凝土壳体结构是当时结构工程在建筑项目中最先进的技术，著名的案例有奈尔维的罗马体育宫与小沙里宁的纽约肯尼迪机场航站楼（图28）。这些项目都启发了当时正在准备竞赛的伍重。不过悉尼歌剧院遇到的问题是，它的尺度比这两个前例大多了。

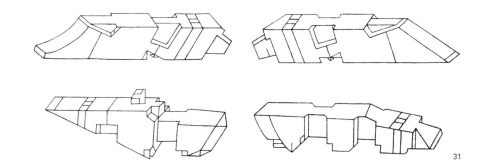

31

在伍重的方案中，这些壳体更多是示意而不是推导出来的。因此，当伍重赢下项目后，接踵而至的麻烦是如何确定这些壳体的曲率。伍重的父亲制作了模型，但模型并未能清晰表达曲率。

这壳体是一个抛物面吗？不太可能。那它来自自由形态还是几何形态？也不清楚。不过伍重逐渐研究出来，这些壳体应该是截取自球面的弧面三角形。这个形态居然不可思议地花了他四年的时间研究出最终的解决方案。

同时，拉斐尔·莫尼奥（Rafael Moneo）运用画法几何来确定这些壳体之间的关系（图29、图30）。当时莫尼奥刚刚毕业就从西班牙来到伍重在赫里贝克的事务所，为他工作。伍重的设计是个天才的构想，尤其那时还没出现计算机辅助设计。

然而，当从球面上截取这些壳体时，也就意味着每片壳都要掰成两瓣，这颠覆了原来的结构概念。它们甚至都不能再被称为薄壳结构了。

伍重面临的另一个棘手问题是这些壳体的稳定性。现在每片壳都由两段组成，每一段都只有两个支撑点，这意味着它们很不稳定。技术手段是将这些壳体结成一个整体来增加结构稳定性。

下一个难题是该采取哪种施工方法来建造这些壳体。一般来说，薄壳结构都是现浇的。其实，当伍重和他的团队还在研究施工方案时，一块试验性的壳体已经在建了。但最后伍重放弃了现浇的方案，决定采取预制。

为什么会这样？我相信是因为《营造法式》。我们清晰看到，伍重从学生时代开始就着迷于《营造法式》。有趣的问题是：伍重从《营造法式》里学到了什么？伍重从中看到的是一套在世界历史上最早的预制体系。这套高明的体系能够造出复杂而又棘手的屋顶形式，能从一系列的标准预制构件中造出这样的结构（图31）。

悉尼歌剧院的设计也走了同一条道路，但使用的是工业生产方法。最初提出这个想法的是结构工程师奥弗·艾拉普（Ove Arup），丹麦裔，后来他在伦敦创立了举世闻名的奥雅纳工程顾问公司。艾拉普与他的公司负责悉尼歌剧院的结构设计，他提议说这些壳体应当以三角肋的方式来建造，表面或许也可以预制（图32、图33）。由于伍重的足智多谋，艾拉普最初的想法得以实施。

现在的壳体结构由预制的后张拉混凝土肋条组成，每一根肋条都由预制构件装配而成。相比之下，整个基座却是现浇的（图34），营造出某种神秘的、充满力量感

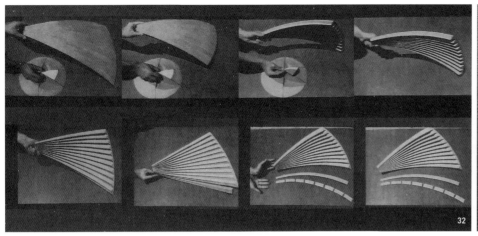

32

34

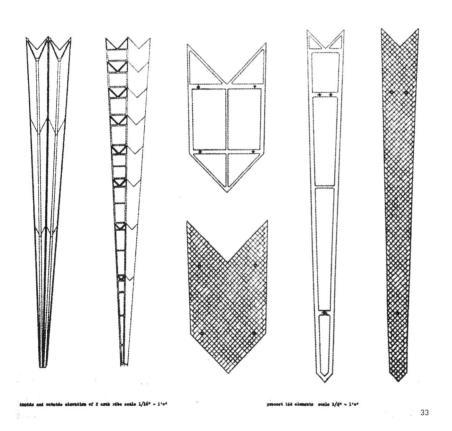

inside and outside elevation of 2 arch ribs scale 1/16" = 1'0"   precast lid elements scale 3/4" = 1'0"

33

35

36

37

的抽象形态（图35—图37）。

　　壳体外部覆盖了类似伊斯法罕大清真寺穹顶的面砖，这座古建筑同时也是伍重最喜欢的建筑之一。大清真寺的穹顶覆盖的是五彩斑斓的马赛克，不过悉尼歌剧院只是用了白色的面砖，仿佛是覆雪的山峦。伍重钟情于产自瑞典赫格纳斯（Höganäs）的米白色面砖，决定将它用作悉尼歌剧院的屋顶面层。

　　伍重再度使用预制方法来解决建造问题。这个项目需要超过4000块预制的盖板来覆盖整个球面的壳体。伍重决定保留每根肋条留下的线，以便让它的几何形式清晰可辨。最后效果非常震撼，需要注意的是，这不像今天很多采用钢结构的房子那样整个包裹起来。伍重很仔细地设计了到哪些地方可以停止覆面（图38、图39）。

　　大演唱厅的室内设计也采用了相似的施

38

39

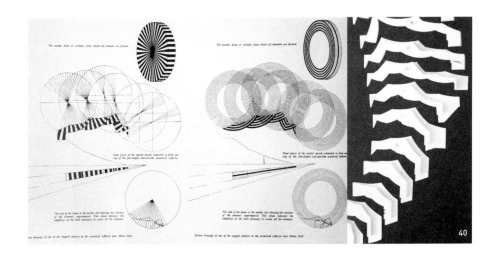

40

工方法，尽管后来没有实施。形式来自圆形的几何形态。伍重在这个方案中类比了波浪与风化的岩石，根据他的方案，室内声学天花板将由预制的胶合木箱型梁从混凝土壳体上悬挂下来形成（图40）。在颜色方面，大演唱厅的室内由红色与金色组成，而小演唱厅则是蓝色与银色的。

这就是关于伍重的悉尼歌剧院故事。最后，弗兰姆普敦关于《建构文化研究》的中文版有一段话："对中国当代建筑师而言，关于如何寻求对中国传统的转喻，伍重或是一个经典的先例。他的一生都致力于创造复合的文化，他既沉浸于西方的建构技艺，又从欧洲之外的建筑传统中汲取了很多灵感。他在亚洲旅行时有幸买到了一部12世纪中国的建造手册《营造法式》，他对这部书的尊崇体现在他在悉尼工地的坚持与热忱上了（图41）。"

弗兰姆普敦的话让我们更好地理解《营造法式》与悉尼歌剧院之间的关系。晚近的一些研究也指出了这一点。

伍重的意义

Significance of Utzon

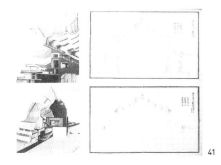

41

《营造法式》带给整个世界的教益还在持续着，最近的一个例子是 2014 年库哈斯策划的名为"建筑元素"（Elements of Architecture）的威尼斯双年展。这次展览结集出版了 15 本书，其中一本就关于屋顶，这本书讲了现代主义时期的很多屋顶形式。

然而这本书并没有提到伍重的屋顶，或者是伍重跟《营造法式》在建造逻辑上的关系。在库哈斯之前，伍重研究过很多不同文化的建筑遗产，并且用到了他自己的建筑实践上，从而形成了一种自高更、毕加索、马蒂斯乃至勒·柯布西耶一直延续下来的在现代主义传统中的跨文化主义倾向。

另外，跟库哈斯这位大众传媒建筑师不同，伍重沉默寡言。在生命的最后阶段，他隐居在马约卡的自宅中，拒绝一切采访和出版。

伍重已逝，载入史书。然而他的建筑思想与作品仍对今日乃至未来都意义深远。行文至此，我总结如下：在建筑中，（手）工艺问题与建造、材料和结构相关，但最重要的是关于制作。这就意味着一种造物行为，以及物之品质如何渗入建筑及人类生活。伍重是一名现代建筑师，他既有采用工业生产方式的特质，又师承自然及全世界的传统文化。伍重的（手）工艺是复合的、跨文化的，既是理性的，又洋溢着情感。它呈现了永恒的当下。

王辉

工艺与异化：
对工艺传统丢失的一种解读

Craft and Alienation:
An Interpretation of Loss of
Craft Tradition

Wang Hui

* 本文最初发表于《 时代建筑 》，2015(6):10-15，作者王辉，本书收录时略有修改。

引言

现代主义从来没有拒绝工艺，但也没有把工艺问题当作建筑的本体问题。迷信建筑是时代精神的反映，使现代主义实践与人文越来越疏离。虽然现代主义萌芽起源于向手工艺、向艺术回归的各种思潮，期望现代人摆脱单纯的机器束缚，回归人的本性，但这些思潮最终被推崇理性、进步性的现代主义主流抛弃。机器时代的技术水平远远超越了手工时代，其工艺水准很大程度上也优于手工时代，但在工业制品中却往往看不到手工制品的工艺感。这种工艺感（或者称为工艺性）的丢失，而不是工艺本身的缺席，是本文所要讨论的话题。文章围绕两条线索展开这个话题：一条是手工艺在现代建筑史中的流变；一条是现代社会以来哲学对"异化"的思考，这些思考在呼唤设计中的工艺感，不仅让设计更有人情味，更是通过实现工艺性，使作为劳动者的人重新获得人性。由此

可见，梳理出一系列建筑学和人文科学的相关文献，论述从"劳动异化"到"劳动救赎"的转化，或许可成为解答工艺问题的一串钥匙。因此，本文与其说是要完成一个交圈的理论构架，不如说是把一些老生常谈的文献变成解析工艺问题道路上的路标，把有关这个问题的讨论敞开并延续。

手工艺传统丧失对应的社会学问题

Social Problems Caused by the Loss of Craft Tradition

工业革命后机器制造代替手工制作，这不仅仅是工艺技术问题，也是伦理学的问题，即劳动者失去了生产过程中的乐趣，劳动产品失去了人的温暖，劳动变成了对人类的刑罚。当技术向前进步，人的心思却向后看。率先享受工业文明的英国，涌起了怀旧的文学艺术潮流。即使在工业化后起的德国，从理查德·瓦格纳（Richard Wagner）的歌剧《纽伦堡的工匠歌手》中，我们也能形象直观地感受到中世纪手工行会统治下劳动者艺术化的生活状态，它与工业化社会有天壤之别。从生产背景的社会化变化入手思考手工艺丢失的问题，有深刻的哲学内涵。

有关"异化"的概念

工艺性是劳动者在劳动过程中倾注到劳动产品上的一种品质。在相同的使用价值、材料成本、生产时间等条件下，甚至在同样的劳动技能条件下，劳动者若自愿在劳动产品中展现用心的工艺，产品的质量将大不一样。今天，建筑师常常会抱怨建造商不讲究工艺，而社会大众会抱怨建筑师不追求工艺。究其原因，是源于劳动者与其所从事的劳动的对立，劳动者没有必要为一个服务于他人的制品倾注自己的心力与情感。这种对立必然要触及一个哲学概念——异化。

"异化"在不同领域中有许多不同的解释。神学上，人与上帝的疏离，是一种异化；政治学上，人民把自己的自由权利转让给国家，而国家变成了一种异己的、压迫人民的力量，是一种异化；经济学上，通过劳动，把劳动者不可见的"内在价值"转化为"外在价值"，是一种异化；伦理学上，文明社会每进一步，人类在道德方面就退一步，进步走向了反面的退步，是一种异化。

这些异化现象，更引发了哲学的解释。哲学上，主体和客体二分的思维传统，导致了黑格尔思考主体通过外化转化为客体、实现主客体统一的异化思想。

"异化"概念在黑格尔（Georg Wilhelm Friedrich Hegel）的哲学中，并不含有贬义，而是一个关于事物存在与发展的普通概念。黑格尔有个乐观的观点：合理的就是现实的，现实的就是合理的。根据这个观点，现实是需要肯定的。但事实上，现实要通过否定之否定才能获得肯定，因为现实是理念的异化物，世界要达到合理性，必须经历一个动态的异化过程，包含三个阶段。

（1）

自然是理念的派生物。作为自然界本原的理念（绝对精神），是纯粹且抽象的。理念为了实现自己就必定要扬弃自身的抽象性而异化为自己的对立面——自然界。

（2）

自然为隐藏于其中的理念所主宰。理念异化为自然，潜蕴于自然，主宰着自然。但是理念在自然界阶段与理念的自在自为的本性并不相符合，特别表现在自然界的事物都依赖于他物，受必然性和偶然性的支配；而理念则是自己决定自己，本质是自由。

（3）

自然被理念超越。对于理念来说，自然界还是一个和自己的本性不相符合的异己势力。理念就不会停留在自然界的发展阶段上，它必定要摆脱、克服自己的异化物的牵制与束缚，而复归于自己，由自在进到自为。

这是一个正题—反题—合题的逻辑递进关系。主体把自己的理念投射到客体，而客体并不是主体的完美实现；因此，主体必须超越客体，回归到自为的状态。黑格尔的这种辩证法，并不是承认现实是合理的，而是论证现实需要合理，实际上是吹响了实现现实合理性的号角。

马克思的异化观点

根据黑格尔的理论，异化是种能动的、不息的力量，是主体把自己无限的精神投射到有限的现实条件中、实现自身价值的过程。这种过程是危险的，庄子就警告过："以有涯随无涯，殆已。"以人类孜孜不倦的制造为例，人类总是在为满足其基本的生存需求和扩张的欲望而不断地制造，并使物质制造本身变成一个超越人类能够控制的体系，最终成为奴役人类的工具。在黑格尔哲学那里，这个矛盾也许可以通过调整人类的主观意志、让绝对精神重新回到自主和自律状态，来实现和解。但在资本主义生产体系下，作为劳动对象的劳动产品，本身就已异化为与劳动者对立的异己存在物，要在劳动中获得和解与超脱，几乎是妄想。面对早期资本主义的悲惨世界，青年马克思在《1844年经济学哲学手稿》里对劳动的异化现象有着清晰的观察。他认为：

（1）

劳动者的劳动同劳动产品相异化。产品原是工人劳动力量的对象化，但同它的创造者发生了对立关系，成为一种异己的、不依赖于生产者的存在物。劳动对象化成为丧失对象，受对象的奴役。

（2）

劳动者同劳动本身相异化。工人的劳动不属于他自己，而是属于别人。因此，劳动越多，自身的丧失越多。

（3）

人同自己的"类本质"相异化。劳动从人那里夺去了他的生产对象，也就从人那里夺去了他的类生活，把人对动物所具有的优

劳动异化的美学和解

Alienation of Labor and Aesthetic Reconciliation

点变成缺点。异化劳动把自主活动、自由活动贬低为手段，也就把人的类生活变成维持人的肉体生存的手段。

（4）

人与人之间相互关系的异化。同自身的关系只有通过他同他人的关系，才成为对他来说是对象性的、现实的关系。

在这种异化劳动中，劳动并没有成就人，人反而通过劳动变成了一个非人。劳动者对劳动失去乐趣，对产品工艺感的期待就只能成为道德上的奢望。

作为世界上第一个享受到工业文明，同时也是第一个体验到现代生产危害的国家，19世纪的英国自然而然会展开关于技术进步带来的社会性问题的思考。19世纪对于建筑学来说并不是一个创新的世纪，而是一个循环各种已有风格的世纪，这也引发了风格合理性的思辨。普金（Augustus Pugin）开创了一个有英国特色的理论传统：不从纯专业角度谈建筑，而是从伦理学角度。1836年他的《对照》（*Contrast*）一书的副标题耐人寻味："中世纪高尚建筑与当今相应建筑的对比"。普金厚哥特风格而薄古典风格，不完全是从功能和结构的合理性出发，而是一种对宗教的偏执，把建筑之真和宗教之真武断地联系起来，认为哥特体现了"真"。他提出用"真"的标准来评判建筑，把建筑推向了道德的审判庭。在快速工业化的背景下，普金怀念中世纪的和谐，

也是种改良社会的乌托邦倾向。正是这种倾向，而不是他的宗教狂热，影响了从1860年开始的英国工艺美术运动。这个运动力图把艺术和劳作相结合，通过美学的方式来和解工业化条件下的劳动异化，这点在其旗手拉斯金（John Ruskin）和莫里斯（William Morris）的著述中非常明显。

拉斯金：向中世纪的回归

从自然主义走向艺术，最终走向社会主义，拉斯金的这一理论轨迹也反映了19世纪知识分子的社会批判意识。正如马克思所云，资本主义生产虽然能够在短暂的时间内，创造出相当于人类历史上所能创造出的财富总和，但资本来到世间，每一个毛孔都滴着血和肮脏的东西。对机械化大工业生产的不安，对丧失人性的工业化产品的关注，使拉斯金对工业化问题持批判

态度，并热衷于从哥特式风格中寻找出路。这种复古的倾向，有强烈的道德主义色彩。不同于马克思提出的用消灭劳动不平等来解决制度性的问题，拉斯金式的批判不是激进的，而是唯美的。

不同于以往的建筑理论家从建筑历史中提炼出建筑学的原则（如帕拉迪奥），拉斯金从伦理学中推导出建筑学的原则，他在《建筑的七盏明灯》中梳理出七个有立场的美学范畴：献祭（sacrifice）、真实、力量、美、生活、记忆和服从。对比产品的机械化和工人在生产过程中的麻木，拉斯金通过这七盏明灯还原了中世纪式的美好劳动：一方面手工艺人的技艺是自然而真实的，人与人之间的合作是充满活力和欢愉的；另一方面手工艺人作品不规则的表面又留下了劳动过程的痕迹，是劳动者真实和自由生命的表征。这些美好的特征在威尼斯之石上比比皆

是，是恶意竞争、劳动分化的机器时代所不能获得的，因此，即便是哥特复兴式的形式模仿，也不是条可行之路。

世界进入现代的一个标志是世俗化，神灵的位置不断被排除出人类的居所。没有神的世界，也是一个劳动者精神没落的世界。拉斯金倡导的第一盏明灯"献祭"，就是人类超越功利目的、面向神灵的精致工艺，它需要花费更高的代价、付出更多的心力。这种奉献精神既是一种为深爱之物而达到自律的自我否定行为，也是一种亏损私利、放大公益的行为。但恰恰是这种牺牲，使我们创造的物件有了物性，而不是干巴巴的物品。因此，拉斯金是期待用工艺的手找回人类的灵性。他认为劳动的审美化、道德化才是克服社会异化的出路，回归手工艺成为了一种救赎行为。这也是本文立论的一个重点。

莫里斯：失败的手工艺尝试

人类是应该更关心劳动结果还是劳动意义呢？拉斯金曾说，钱不能买来生活，劳动者工作的快乐是衡量劳动价值的重要指标。作为拉斯金理论的实践者，莫里斯身体力行了一种与工业化生产背道而驰的生产方式。他清醒地认识到马克思所看到的异化劳动，厌恶工业革命造成的对自然和社会环境的破坏，憎恨工业产品带来的人性的丧失，意识到今天的社会不像古代社会那样，人可以通过劳动获得自由、快乐和享受，甚至获得人和人之间的温情。工业社会存在于抽象的市场买卖关系中，为抽象的对象进行生产。劳动分工更使工人彻底地变成了生产过程的一个部件，例如，即使是生产个大头针，都不能生产大头针的全部，个体生产者只是生产大头针的一个帽。这样，劳动者就没有任何快乐可言。因此，他希望回到中世纪时代的

那种生产关系中，倡导通过手工艺来使人类的生活与劳动艺术化。

莫里斯的这些主张，通过在伦敦郊外的自宅与工坊"红屋"的营建，以及他和他合伙人的装饰公司的经营，掀起了英国工艺美术运动，这是对时代主流思想的批判，是进步的。然而他们所推崇的手工艺产品，虽然有形式上的创新，并带着温暖的人性，但依然留着尚古的装饰传统，非但在市场竞争上比不过廉价、低俗的工业化生产，也没有被现代设计史的书写选择为最终的发展方向。

欧洲大陆向古典主义的告别

在建筑中，工艺一度和装饰密不可分。工艺的精巧往往表现在装饰的艺术性上。在向古典主义告别的过程中，紧随着英国工艺美术运动之后，欧洲大陆也掀起了一场手工艺复兴的潮流，包括布鲁塞尔的新艺术运动、维也纳的分离派、巴塞罗那的建筑师高迪，都取得了相当高的艺术成就，创造了与历史风格截然不同的新的装饰语言。这些成就至今仍然是这些旅游城市的名片。它们与僵化的古典主义背道而驰，但在最终一统天下的现代主义清教徒那里，这些有创意的装饰化倾向，又如同古典时代最后的回光返照，使古典主义的死亡变得异常绚丽。

执这些运动牛耳的建筑师实际上拥有非常现代的观点，其中也不乏能说会道的导师。以维也纳建筑师瓦格纳（Otto Wagner）为例，他在 50 多岁时担任了维也纳美术学院的教职，并因此写了教科书《现代建筑》，提出过功能主义、理性主义，反对历史主义的论点。但他自身的实践与这些主张并不契合，装饰味道依然挥之不去。可以看到，在能代表现代主义美学的语言出现之前，现代主义的先驱们不得不借助工艺感极强的装饰来表达人文情怀。传统装饰和手工艺的交集都有一种人文化的工艺感。

路斯：与装饰的诀别

1908 年，维也纳新锐建筑师路斯（Adolf Loos）在《装饰与罪恶》一文中，极尽其作为媒体人的另一身份之能事，提出了一个进化论式的批判装饰的视角。路斯认为，艺术缘起于性符号、文身、涂鸦等原始的创作冲动，虽然那时这种冲动类似于贝多芬创作他的第九交响曲，但是站在今天的文明坐标点上，这种不成熟的艺术动机只会被认为堕落。因此，他发现一个规律，"文化的进化意味着从日常用品逐渐剥离装饰的过程"。路斯用伶牙俐齿从几个角度来诋毁装饰：第一，装饰属于低俗有罪的人，例如犯人喜欢用刺青装饰自己；第二，装饰浪费材料，增加成本，带来穷困，是经济犯罪；第三，装饰既不利于劳动者健康，也无益于消费者的喜新厌旧的消费心理。路斯通过文学化的批判，使犯罪和装饰挂上钩。抛开这种在演讲环境下偷换概念式的逻辑手段，路斯实际上是站在世纪之交提出了一个很严肃的观点——20 世纪需要它的形式语言，如不能回答这种语言是什么，至少还能回答这种语言不是什么，"能够使我们文化伟大的因素正是它不再有能力创造装饰的新形式"。

不要误读的是，即使在这个激进的文稿中，路斯依然尊崇建筑生产中的材料性和工艺性，摒弃的是无益的装饰符号。因此，摆脱装饰并不等于否定工艺。相反，像路斯设计的那些光溜溜的建筑，反而需要精致的工艺来实现其品质，这点在他自己的建筑实践中已充分体现。没有了传统装饰的现代主义呼唤着体现其本质精神的新的工艺语言。

手工艺美学为什么没有被现代主义选择

1936 年，佩夫斯纳（Nikolaus Pevesner）出版了《现代建筑的先驱》一书。那个时候现代主义各种流派层出不穷，莫衷一是，谁会最后成为历史的宠儿，这需要历史学家通过洞察力来识别。这本书是建筑史的一个里程碑，因为它准确预估了历史发展的方向。它的副标题是"从威廉·莫里斯到沃尔特·格罗皮乌斯"，似乎把莫里斯的位置摆得非常高。书的第一章回顾了从莫里斯到格罗皮乌斯的艺术理论，第二章就把理论原点定位到了莫里斯和工艺美术运动，认为这是走向现代主义很重要的一环。之后他把现代建筑运动和塞尚、凡高、高更等 19 世纪 90 年代的艺术做了比较。等到第五章，他意识到真正影响现代建筑的是 19 世纪的工程技术，找到了现代主义的真正的源泉。最后作者把能够代表现代主义形象的图式定格在包豪

斯的那个透明的玻璃楼梯间。手工艺运动只是引发一场世纪变革的药饵，并不是真正的大潮。

另一本得出现代主义定义的经典著作是吉迪恩（Sigfried Giedion）的《空间·时间·建筑：一个新传统的成长》。不同于佩夫斯纳把现代主义的原点定位在工艺美术运动，吉迪恩把它放到一个更大的历史视野里，追溯了自古以来和现代建筑理念最有瓜葛的空间概念。直到第四章，他才写到 19 世纪。显然，折衷主义的 19 世纪，空间概念是最式微的，所以 19 世纪是被吉迪恩否定的一个世纪，他认为整个世纪几乎没干成什么，直到最后十年才出现现代主义前驱的影子，但不是莫里斯，而是布鲁塞尔的霍塔（Victor Horta）。吉迪恩把这个坐标原点设在位于都灵路（Rue de Turin）的霍塔住宅。今天，这个建筑最吸引观者眼球的依然

是其不可思议的新艺术风格装饰，而让吉迪恩感动的则是其空间处理。他认为让这个建筑在欧洲走红的原因是空间的活力，所以他在书中描述了这个建筑空间布局的灵活性，即使讲到霍塔使用了新艺术的手法，也是强调其中的创新性是铁艺。吉迪恩认为像霍塔这样的创新之所以发生在布鲁塞尔，并不是偶然的。正是塞尚、高更、梵高等艺术家在19世纪八九十年代活跃于布鲁塞尔，培育了创新土壤。但吉迪恩也并不像佩夫斯纳那样把影响现代建筑的艺术家锁定在这几个人中，而是看好能够把时间、空间整合到艺术里的毕加索。这时候，他找到了什么是能够界定现代主义建筑的灵感了。

图尼基沃蒂斯（Panayotis Tourniki-otis）在《现代建筑的历史编纂》一书中，对比了三位现代主义初期重要的理论家：佩夫斯纳、考夫曼和吉迪恩。对比来看，虽然这几个人的研究结论不尽相同，但都有着共同的逻辑。他们都在黑暗中摸索现代主义的公式，并从一开始先提出A命题，但结论都是从A命题变到B命题。作者对A命题既有赞成部分，也有否定部分。通过这种思辨，终于激发出B命题。所以尽管佩夫斯纳把现代主义的起点锁定在莫里斯，吉迪恩把现代主义的起点锁定在霍塔，但两个作者都清醒地意识到这并不是现代主义所追求的东西。而真正让现代建筑找到支撑点的还是功能理性、技术进步这些因素。工艺美术运动也好，新艺术运动也好，虽然站在现代建筑史的起跑线上，但并没有跑向现代主义运动的正确方向，最终自然而然会被现代建筑运动所抛弃。现代建筑还是选择了一个讲究效率、推崇逻辑、寻找普适性的理性发展道路，手工艺被异化为一种非理性的另类。

手工艺：现代主义的一个反题

当现代主义的轮廓在其发展轨迹上越来越清晰时，还有一丝手工艺意味的工艺美术运动以及它在欧洲大陆的衍生物（如新艺术运动、维也纳分离派等），愈发显得背道而驰。1932年，当现代主义走进婴儿期的纽约现代艺术博物馆时，"国际式风格"展览定格了人们对"什么是现代主义的视觉风格"这个问题的答案。展览的共同策展人希契科克（Henry-Russell Hitchcock）和约翰逊（Philip Johnson）直言不讳地承认美学质量是他们的主要关注点，并从三个形式原则上来评判这种质量：第一，强调由薄的表皮围合成的空间体积，而不是实体；第二，有规律的构图，而不是对称或平衡；第三，依赖于材料的高贵、技术的完美和比例的精致，而不是附加的装饰。严格地说，这三条既不能算作现代主义视觉图示的充分条件，也不能算作必要条件，但是它明显地排斥了手工艺在现代主义建筑中的位置。

与展览同名的《国际式风格》是一个关于现代主义的重要文本。细品其论述为什么要以避免附加的、额外的装饰（applied decoration）为原则，有助于理解手工艺在现代建筑中的式微。在这本书的开头，作者并没有贬低装饰的价值，先声明不认为建筑中再也不会有成功的装饰，但他提醒读者19世纪折衷主义的失败是因为历史上的手工艺条件不存在了，传统装饰的品质在退化。作者并不否认现代建筑需要装饰，但这些装饰是：建筑细部、风格相关的绘画和雕塑、艺术字体与色彩（这本书预言了平面设计的重要性）以及植物配置与自然配景。装饰的原则是"除非很好，最好别要"。

这里需要澄清的概念是手工艺、工艺性和装饰之间的联系与区别。手工艺特指在工

业革命之前人类制造的方式，不仅仅包含了人与产品之间的情感关系，也包含了劳动者之间和劳动者与消费者之间的社会关系，并由此产生了凝聚在产品中有人类温情的工艺感以及描述这种工艺感的工艺性。工业革命之后，手工艺被机器工艺代替（其实依然有绝大多数手工劳动的参与），制品的质量在下降，导致工艺性败落的本质原因不是机器的粗糙（今天，机器的准确度远远超过了人手），而是异化劳动，即在新的生产关系和市场关系下，制造者无需在产品中注入人的情感。虽然，现代产品从目标上更考虑市场上人的需求，但在投入上不会注入一分钱的冗余来取悦人类的非理性需求，因此总有一种冷漠感（设想今天开发商的哪个产品不是殚精竭虑地考虑抽象的人的需求，而哪个产品能够让具体的人抑制重新装修的冲动）。在机器时代，工艺感衰落的一个表层现象是

追逐实用的功利主义在审美上对传统装饰的拒绝，从而也导致有高超手艺的制造者的流失。手艺是一种技术传承，必须借助某种实践的对象来传递，而装饰是再好不过的工艺宿主。

现代主义并不排斥精致的工艺，以密斯为例，他的美学和工艺是分不开的。现代主义后期出现了康（Louis Kahn）、贝聿铭等人，甚至是精致的工艺主义、材料主义者。但手工艺运动还是被排斥在现代运动的主流之外。现代主义的工艺与拉斯金所宣扬的工艺的区别何在？在于现代主义者认为手工艺表征的是落后时代的技术，不能表达"时代精神"。英国学者瓦特金（David Watkin）的著作《道德与建筑：从哥特复兴到现代运动的一个建筑历史与理论的主题》，很好地梳理了"时代精神"这个重要的现代主义概念的渊源。19世纪以降，建

筑的美学标准一直建立在来自英国的宗教标准、来自德国的时代精神标准和来自法国的技术标准的道德判断基础之上。这个学术传统的核心是认为好的建筑永远是某一种高尚道德的产物，以致佩夫斯纳提出可耻的材料和可耻的技术是不道德的。然而，现代主义者的所谓道德问题并不是现代生产与劳动者之间的道德问题，而是现代生产与生产程序之间的道德问题。有关道德的一个关键词是"真"。现代主义者热衷于"真"，柯布西耶在《走向新建筑》中也说过类似的话：建筑是个道德问题，真理缺失是不可容忍的，我们死于没有真理。什么是"真"，从技术派的祖师爷维欧莱-勒-迪克（Eugène Emmanuel Viollet-le-Duc）的一句话可以看到："建筑中要坚守真理的两个必要原则：对功能（programme）要真，对建造过程（constructive processes）要真。"这个命题几乎贯穿了整个现代主义，直至今日。强调功能和建造程序是一种把劳动、劳动技术、劳动对象理性化的思维方式，最终把人从具体的肉身异化为抽象的人，并进一步升华为使命化的人。吉迪恩一直否认现代建筑是一种风格，而是把过去、现在、将来融为一体，实现人类使命的一种途径。因此，他的著述是把少数最好地表达了"时代精神"的英雄人物教科书化，把艺术和建筑作为人类进化的手段，把所有个体临时的、偶然的创作与娱乐，放在一个历史使命的天平上去衡量，因而个人化的需求与冲动就变得毫无意义。

对个体创造性的否定，认为再伟大的天才也不过是时代的传声筒，这是 19 世纪以来政治哲学的一个传统。这个传统不断地将个性化的创作边缘化，还贬损了不符合时代主流的创作。因此，基于劳动个体在制造中所面临的工艺性问题，当它不是现代生活最迫切的问题时，它甚至会变成现代主义的一个反题。当吉迪恩评价 19 世纪和 20 世纪过渡期的新艺术运动时，虽然认可它在摒弃旧的历史风格上有所贡献，但只是造型对造型的胜利，所以是个"反运动"（anti-movement）。

回归工艺作为一种救赎的手段

Return to Craft as a Means of Redemption

工业文明在 20 世纪的胜利，解决了困扰人类历史的物质短缺问题，却把人类逐出了精神上的伊甸园。要想帮助人类重新找回通往精神家园的路径，还是需要通过一种更符合人类精神目标的劳动。当现代主义的美学语言已经完全成熟之后，工艺问题不再是机器工艺和手工艺对立的问题，而是在现代性框架下工艺中的人文主义的问题，即工艺在生产过程中之于人的意义，而不是工艺之于把人异化了的商品的意义。因此，在后工业时代重新拾起工艺问题，把工艺还原到本体论位置，是一种对抗"异化劳动"的"救赎劳动"。20 世纪的三本经典的哲学著述有利于建筑界理清围绕着工艺话题的问题。

海德格尔：需要诗意化的劳作

如果建筑只是时代精神的体现，那么建造只是一个时代文化的标记，而不能代表更深刻的本质。海德格尔（Martin Heidegger）的《诗·语言·思》一书，是一部从批判现代社会的异化入手，思考建造为何的重要文本。这本书的关键词"建造与栖居"已经被建筑界学人广泛研究与引申，这里，笔者将代入有关工艺的问题，思考这本书所带来的启示。

海德格尔深刻地认识到由于现代人在精神上流离失所，才有思考栖居的必要，所以居住是人类存在的根本性问题。建造是栖居的途径，只有理解了栖居的本质，才会理解建造；只有居住和建造值得质疑，思考才有所值。栖居在现代社会中失去了其本质，而被物质化的建造所代替，依然源于异化劳动的几个方面：

（1）

世界的对象化。首先，人类把自然当作对象，当自然不足以满足人类意图时，就调整、改造自然，使世界变成对立面，并把人树立为有意来进行这一切制造的人；其次，这种异化，不但把世界作为无休止掠夺的对象，也把人自身作为掠夺对象，变成单纯的材料和功能。

（2）

世界的商品化。和马克思一样，海德格尔从商品交换中看到了人性在生产过程中的黯淡，人性和物性都被换算为在市场上可计算出来的市场价值，变成可被量化的商品。

（3）

世界的专业化。人类任何局部的行为都被划分入一个专业，使建筑变成一种技术与商品，而不是一种整体栖居的状态。被垄断到专业化的技术本身阻碍了全体人对这个技术之本质的追问，造成了人类活动的本末倒置。当技术从诸门科学中发展出一种知识，这种知识便无法达到技术的本质了。

（4）

世界的冒险化。随着技术能力的提升，人类毫无顾忌地把世界变成冒险的对象，并忽略了其中的本质性问题，人因此也把自己带进了冒险者的角色。

冒险意味着需要被保护。何以保护呢？还原栖居和建造的本质，就是一种对人的保护。海德格尔提醒人必须自省，认识到自己的局限，认识到自己不能永生，重新以神性作为衡量万物的尺度，回归到天—地—神—人四相合一的状态，把栖居问题提升到人的存在问题，来理解什么是栖居，如何让建造属于栖居。在异化劳动前提下，劳作是无趣的，生产毫无精神意义，我们不得不反思人存在的乐趣，以及自古以来人类就有的精神气质——诗性。对象化思维也在泯灭诗意，因为诗不过是文学的对象，"如果说在今天的栖居中，人们也还为诗意留下了空间，省

下了一些时间的话，那么，顶多也就是从事某种文艺性的活动，或是书面文艺，或是影视文艺。诗歌或者被当作玩物丧志的矫情和不着边际的空想而遭否弃，被当做遁世的梦幻而遭否定；或者，人们就把诗看作文学的一部分。"类比地看，工艺性是建造中的诗性，也是人在世间辛劳过程中的一种愉悦的游戏。但在劳动被异化的时代，工艺变成一种可有可无的装饰，或者是一种矫情。工艺性的要求在手工时代或多或少是制造者的自娱自乐，而在当代社会技术条件下，即使工艺水平再高，也不过是一种质量标准。那么，工艺的本质是什么呢？海德格尔通过词源学的演绎，研究与技术相关的词根"techne"的希腊文本义，即"让事物显现"。工艺是技术的一部分，更是技术的诗的翅膀。因此，它不应以实用为目的，而应把人救出急功近利的泥潭，去显现所有这

些劳作的本质，即通过劳作，甚至是苦难和折磨，使人还原回其本质。海德格尔从荷尔德林（Hölderlin）的诗句"充满劳绩，然而人诗意地，栖居在这片大地上"（Full of merit, yet poetically, man / Dwells on this earth），获得了通过诗意、建造使人还原回人的灵感，"诗意地栖居意味：置身于诸神的当前之中，受到物之本质切近的震颤。此在在其根基上诗意地存在——这同时表示：此在作为被创建（被建基）的此在，绝不是劳绩，而是一种馈赠。"

海德格尔的"人，诗意地栖居"这个命题，解答了工艺性这个话题中一个根本性的问题：从普金以来，建筑的道德标准一直在绑架美学标准，使现代主义正统的美学观建立在用人类获得的新的能力去进行新的美学冒险基础之上，用是否具有"时代精神"来衡量建造的价值。这种美学的支点是产品，

而不是劳动。一个优秀的创作，只是一个优秀的商品，其目的是在市场上换回生产者需要的生活品。因此，劳动并不是为"这个"而劳动，而是为"那个"而劳动。显然，这种劳动毫无诗意可言。这就是异化劳动带来的索然无味的人的存在；而只有通过诗意的建造这种劳动救赎，人才能回到其本真。工艺是这种建造中不可缺失的。

阿伦特：被颠倒层级的劳作

劳作为什么失去了诗意？海德格尔的学生阿伦特（Hannah Arendt）在《人的境况》一书中，通过把劳作进行层级划分，做了解释，并使人们看到人类依然能够通过劳作获得自身的解放。

阿伦特认为人既活在与宗教、哲思、伦理、知识相关的沉思生活中，也活在与现实劳作相关的积极生活中。她把人的积极生活分为劳动（labor）、工作（work）和行动（action）三种。

（1）

劳动是为了满足人的生理需要而必须付出的工作。由于人的生命过程不断新陈代谢，人的基本需求不断重复，不可能一次性就完全满足，这迫使人必须进行重复性的工作。对维持人的生命而言，对这种需求的回应是绝对的、紧迫的，这也使得人类的许多工作并没有阳春白雪般的意义。这就是人们常抱怨的不得不为养家糊口而劳动。

（2）

工作是通过技艺来制造更有恒久价值的东西，不同于简单满足人的需要的劳动产品，它们避免自身价值被快速地消费掉，要求在时间上具有更为悠久的持存性。这个作为就是人们常说的有所追求。

（3）

阿伦特认为人之为人，是因为人是社会的人，复数的人。人会有超越"劳动"，而实现"工作"的荣耀的冲动。这种冲动就是"行动"。"行动"的前提是人不是孤立的，在一个必须以商品交换为前提的社会中，人实际是通过与他人的交往和交换实现自我展现，并突破平凡，追求卓越。行动需要场所，这一空间就是公共领域（public domain）。在公共领域展现就意味着为人所见、为人所闻。那些与我们同见同闻的人的存在，使我们确信世界以及我们自身的存在。在公共领域，只有那些值得一看、值得一听的事物才是能够接受的，与此无关的东西只能存在于私人领域。在行动中，也就是在公共领域，人们急于表现自我，以期表现得比他人更为卓越，通过他人的见证，以及相信这种见证将随着公共世界的延伸而留存，人们开始相信自己可以取得比生命更长久的业绩，即获得不朽。只有进入公共领域的生活，才是得体的生活，才能称得上一种有质量的生活。

理想地说，这三个层次是个递升的进步过程。但现代社会却把这几个台阶颠倒了过来，其原因依然是异化劳动。阿伦特用两种倒转演绎了这个异化劳动的过程。第一种倒转是沉思生活和积极生活的倒转，即在理性社会里，真理和知识是靠行动，而不是沉思来获得的。这种倒转不仅仅使科学真理和哲学真理分道扬镳，还使"思"是为"做"而思，成为"做"的工具，丧失了独立的意义。第二种倒转发生在积极生活内部，制作上升到从前沉思所占的地位，人们过分崇尚制作，为制作而制作，把人类生产推到一个以程序为目标的循环往复的过程中，劳动从最低级的位置上升到积极生活中等级秩序最高

的位置。

阿伦特的积极生活层级划分理论让人们理解了人要实现人的本性的内在心理动机，这才是追求作品精美的根本动因。而阿伦特的倒转理论，则澄清了在理性主义时代之后，目的和手段的颠倒，人失去了思考，工艺被技术替代，在行动的层面上不是把个性积极地投射到复数人的社会中，而是被社会的权威剥夺了个体的独立创造。只有再重新倒转现代社会的异化，人才能再享受劳动的快乐。而追求在工艺中获得劳动者个体身心的解放与升华，把人的精神状态带回笛卡尔（Rene Descartes）之前那种不把人对象化的思维状态，这可能是一条把劳动作为救赎的路径。

马尔库塞：没有批判性的劳作

我们今天商品工艺粗糙吗？缺乏工艺

感吗？这种追问可能会使本文变为无稽之谈。的确，我们今天所面临的问题不是拉斯金、莫里斯所面对的工艺粗糙的问题，而是截然相反的工艺精致的问题。但这两种相反的表象背后有着共同的实质：工艺技术发展并没有改变异化劳动的本质，只是将其掩盖得更深，更难以被自觉地批判。法兰克福学派代表人物马尔库塞（Herbert Marcuse）的《单向度的人：发达工业社会意识形态研究》，观察了现代工业条件下新的异化现象。

（1）

需求的异化。在当代资本主义社会，工人物质上的满足遮蔽和控制了精神上的需求。贫穷会带来不满，会有精神上的能动性，但现在充裕的物质享受与选择使人们丧失了反抗精神，与现存制度一体化。没有了精神上的自由与独立，人的价值观、灵性都

已被社会流行的模式所规范。由于资本主义生产力水平的不断提高，人们的欲望不断得到满足的同时，也无形中养成了欲壑难填的逐利习惯，导致人与人之间形成一种利益关系，利益主体就会像对付猎物一样对付利益客体。

（2）

消费的异化。在当代资本主义社会，资产阶级为了满足某种特殊的社会利益，通过文化工业的先进手段制造一些"虚假需求"，从外部强加给消费者，使之成为产品的奴隶，从而有效地控制人们的生活。"最流行的需求包括，按照广告来放松、娱乐、行动和消费，爱或恨别人所爱或恨的东西，这些都是虚假的需求。"

这些异化，导致了人们对当代资本主义社会的各个方面的评价都只是肯定和认可，不再具有批判性、否定性。"单向度"是"肯定性单向度"。在马尔库塞看来，正常社会中的人有两个"向度"，即肯定社会现实并与现实社会保持一致的向度，和否定、批判、超越现实的向度。而当今发达工业社会，通过技术来满足人们显在和潜在的需求，压制了人内心的否定性和批判性向度，成功地排除和防止了革命与变革，形成了没有反对派的新型极权主义社会。

针对异化消费作为异化劳动在当代社会的新的表现形式，从马尔库塞的视角可以看到，如果当今再提倡莫里斯式的工艺美术运动，那么它所针对的并不是机器文明带来的粗糙，而是工业进步带来的精致。这种精致不仅仅使现成产品几乎无懈可击，连潜在的升级产品都可以随时下线（例如苹果公司的系列产品），不但使消费者迷失了选择的判断力，连设计者都没有了想象力。除了个别精英，对于绝大多数设计师而言，并不需要、也没有能力拥有反对现成产品制作规则的否定性思维（例如对标准图集的依赖）。即使是精英明星，一旦其被产品社会所认可，也会越来越背离其出道时的独立个性，而逐渐被一种满足普适性的要求所左右，最终成为牺牲品。因此，从莫里斯到库哈斯，工艺水平在现代建筑中不是不断地式微，相反是不断地被改良。但只要追逐工艺是为了商品的卖相，只要功利理性依然存在，工艺就永远只会是一种手段，我们所期待的那种能够揭示物的本质的工艺性依然缺失。

结语
Conclusion

从劳动异化角度来认知工艺问题，能够帮助我们更好地理解"工艺为什么丢了""工艺为什么要找回"这些问题。现代建筑并不否认对工艺的追求，甚至现代建筑教科书式的经典作品，无一不具有高超的工艺。但是，现代建筑中工艺的位置是从属的，并不是第一位的；拥有工艺，是个别人的、个别项目的，而不是集体的、整体城市的。在现代性的大背景下，能够折射出劳动者和劳动产品之间诗意关系的工艺性，依然不具备理想的社会土壤，甚至这种土壤被当代快速发展的社会污染得更多。

黑格尔—马克思—海德格尔—阿伦特—马尔库塞一连串关于异化的论述，为理解工艺的意义提供了哲学的视角。首先，这个序列中有着不同的异化：黑格尔看到了异化是主客体对立与统一的一个普遍现象；马克思看到了工业社会通过劳动把人异化；海德格

尔意识到现代性思维对人的存在的异化；阿伦特分解了当代社会对人的境况的异化；马尔库塞注意到消费社会对人格独立的异化。这些异化现象直接导致了代表人性的工艺在生产过程中越来越被边缘化，更导致了个体对工艺追求的懒惰，以及认为工艺只是手段，工艺性只有装饰性的价值。今天，工艺标准几乎等同于行业的最低质量标准。它并不出于劳动者的自觉自愿，而是为了保证商品的基本质量强加给劳动者的。其次，在这个序列中，也存在着主体的单复数的转化。虽然这些异化是作用于复数的人的，对于马克思而言，要消除异化，必须通过集体的革命，摆脱私有制的剥削社会，实现人类整体的自由和解放。但是，这种自由是建立在未来高度的文明基础上，在此之前，我们就永远处于被异化的状态吗？海德格尔的存在哲学的主体肯定更适合个体，而阿伦特和

马尔库塞则进一步看到了技术化社会恰恰更容易导致集权和个体的沦丧。因此，这个链条最终传递给的是觉醒的个体，尤其是针对本文所涉及的工艺性话题，是那些有强大的内心定力、有乐观的生活态度、有高超的职业手艺、有坚定的批判精神的个体，无论他们是默默的匠人，还是显赫的大师。

和古代建筑一样，现代建筑也发展出其完整和美丽的工艺语言。只是在古代，这个语言是被全体手工艺者掌握的；而今，工人的文化程度和工艺技术都有很大提升，他们所掌握的是这种语言的发音标准，而失去的是语调的情感，即我们所讨论的工艺性。在一个异化劳动的前提下，当集体失声时，被商业社会绑架的现代性并非一无是处，它依然有积极的批判精神。现代建筑史也是一部功利化的社会现代性和人文化的审美现代性相对立的历史。正如海德格尔所引用的荷

尔德林的诗句，"但哪里有危险，哪里也有拯救"，现当代建筑史又提供了一个高度追求工艺感的建筑清单，它能够在弗兰姆普敦（Kenneth Frampton）《建构文化研究——论19世纪和20世纪建筑中的建造诗学》一书中读到。这本书通过重新解读现代建筑中的建构话题，展示了诗性的现代工艺能够让建筑反射出人性的光芒，让我们看到现代建筑体系可以作为解决物质短缺的现实问题的工具，以及现代建筑也可以作为让人诗意地栖居的工具。

工艺有可能回到建筑学的核心吗？回答这个问题要从回顾什么是现当代建筑核心入手。1976年，第7期的 OPPOSITIONS 杂志发表了维德勒（Anthony Vidler）的编者按——"第三种类型学"。这篇文章为现代主义之后历史主义风潮的兴起奠定了理论基石。文章回顾了自18世纪中叶的理性主义时代以来的两种基于还原法的建筑类型学：第一，以自然为原型；第二，以工业生产程序为原型。进而他提出了以工业革命前的传统城市为原型的第三种类型学。

40多年过去了，当代建筑又有了更多元的发展，然而，并没有出现比这篇更有概括力的文章，总结出当下缤纷的建筑万花筒中第四种、第五种、第六种类型学。但从当前的大众审美上看，那种还原回"以人为万物尺度"的设计，那种把工艺放在本体论而不是方法论的设计，那种通过建造让人回归到人的本性的设计，是一种能够被普罗大众接受的设计。以人为本，不是服务于人的功能性需求，而是体现人存在的意义与趣味，或许是第四种类型学。

需要指出的是，也许有人会把这第四种类型学定格在建构，也因此会诘问工艺性和建构性是否是同一件事。笔者的回答是否定的。虽然工艺与建构有极多的交集，甚至在某些情况下会重合，但是本文更关注的是通过手—脑—人—神合一的工艺，人如何回到人的本质，回到劳动的快乐；而在绝大多数语境下，建构学是通过建构使建筑回到建筑（作为一门工艺）的本质，回到建筑的愉悦。建筑学作为一个经过数千年演绎的学科，早已异化为一种可以独立于人而存在的专业，而建构正是这个专业的内在逻辑。发现这个逻辑折射了人的智慧，发展这个逻辑体现了人的力量。但是在缺乏哲学思考的大众媒体左右下，建构也被世俗化，表现为两种倾向：二是变成一种新的修辞性装饰，成为商品时尚的包装纸；一是变成垄断在才子手中或智能设计之下的专利，成为一部分人的特长和风格。而笔者在本文所谈及的工艺概念，更希冀是用来武装全体劳动者（建筑师）的武器，来批判劳动异化，并用诗意的设计自觉地寻找劳动救赎。这也回答了建筑师常常自问的"我们这个专业为什么苦中有乐"的问题。马克思说："批判的武器当然不能代替武器的批判，物质力量只能用物质力量来摧毁，但是理论一经群众掌握，也会变成物质力量。"对工艺的再认识，既是批判的武器，也是武器的批判，它必须走出建构的象牙之塔，掌握群众，成为改变异化劳动的力量，实现人文化的建筑之路。

在今天 3D 打印的新机器时代，工艺性被重新推崇，在当前的学术潮流中，回到建筑学本体是个很高的浪头。但不认识到人是通过工艺化的诗性建造回到人的本质，材料性和建构性或许会沦为新的装饰性，建筑学仍然被离散的社会分工支配，设计师更会堕落为三维软件的奴隶。异化现象依然存在，并有新的表现形式。我们的社会并没有因为从标准化时代转化到定制化时代，而减弱

单向度的思维；信息社会没有改变理性社会中人的境况；物质的丰富让生产的本质变得更模糊。因此，我们依然需要批判性的手和脑。本文所涉及的工艺、手工艺、工艺性议题，假如仍然存在概念的模糊和歧义的话，至少有一个观点是清晰和关键的，就是要通过制作的手和思考的脑的统一，回到海德格尔所推崇的天地神人四相合一的存在境况；让人能够借助更先进的技术，把主体的本质力量对象化到客体，让劳动成果有拉斯金所期待的工艺感，从而消除劳动主体和对象的异化，并通过快乐劳动实现人类的自我救赎。回顾从普金以来的几本基础的建筑学和人文学读物，它们并没有过时，依然闪烁着理论的光芒。本文篇幅虽然不短，但也很难把这些书籍中所涵盖的内容说明清楚。这篇文章提供了一个与工艺问题有关的建筑学内外的书单，希望读者回到原书，几乎在每页

和每句话中，都能找到思考当今问题的支点和回答这些问题的答案。

柯卫

结构理性主义及超历史之技术
对奥古斯特·佩雷与安东尼奥·高迪的影响

**The Influence of Structural Rationalism and Trans-historical Technology
on Auguste Perret and Antonio Gaudi**

James Wei Ke

*本文最初发表于《时代建筑》，2015(9):34-39，作者柯卫，译者江嘉玮、张丹，本书收录时略有修改。

维欧莱 - 勒 - 迪克的教义

Doctrines from Viollet-le-Duc

建造是一门科学；它同时是一门艺术。这意味着建造者不仅需要知识与经验，他还需对建造有一种感觉……建筑与建造必须在一起学习与实践：建造是一种手段；建筑是最终的结果。[1]

以这段强而有力的话语作为开始，维欧莱 - 勒 - 迪克（Viollet-le-Duc）书写了在 19 世纪与 20 世纪极具影响力的建筑论著。他提出的结构理性主义给后世带来了深远的影响。他宣扬结构诚实以及实用理性，试图在矛盾而肤浅的折衷主义中指明一条通往理性建筑的新道路。当谈及建筑的本质时，他强调了两种真实，即功能的真实（truth of program）与建造过程的真实（truth of process）：

在建筑中有两种不可缺少的模式，它们必然跟真实性相关。我们必须保持功能的真实，并且保持建造过程的真实。保持功能的真实是为了满足实际情况的要求，而保持建造过程的真实是为了发挥材料的特性。[2]

这些话语并不是什么新鲜的观点。在很久之前，就有其他学者提出过建造过程中的理性与诚实等概念。比如约翰·拉斯金（John Ruskin），他的修辞式写作启发过许多思想家与建筑师。但维欧莱 - 勒 - 迪克为他自己的宣言赋予一种实用的、创新的方法论，这使得他的宣言强而有力。肯尼斯·弗兰姆普敦在《现代建筑：一部批判的历史》（*Modern Architecture: A Critical History*）中解释了这一点：

比起拉斯金的愤世嫉俗，维欧莱 - 勒 - 迪克超越了道德层面的论断。他提出的不仅是模式，而且是一种将建筑从历史主义的折衷式的漠然中解放出来的方法……他的方法渗透进那些受法国文化影响大于受传统古典主义影响的欧洲国家。[3]

维欧莱 - 勒 - 迪克常常通过对自然的观察来阐释他的方法。他研究蝙蝠以及人体骨骼与肌肉的结构逻辑，并将之相当直接地转化为一种建筑语言（图 1）。对他来说，一切皆从建造过程的理性以及建筑功能的清晰计划开始。这种由技术与哲学支撑的特殊思考方式绝妙地契合了法国的理性主义。保罗·瓦莱里（Paul Valéry）在一场讲座中谈到了这点：

在世界上所有国家中，我认为只有在法国，人们对形式有着极深的思考、至高的苛求与无上的关注。无论是思想的力量，还是

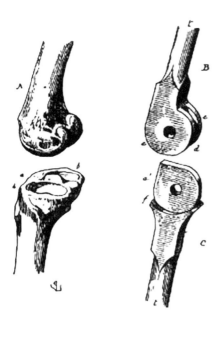

68. Application of the joints of the bones to mechanics.

69. Application of the play of muscles and tendons to mechanics.

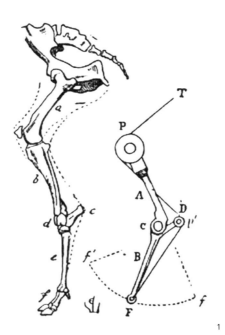

由激情引发的兴趣，抑或非凡的、更替着的图像，甚至是天才的涌现，都不足以满足如此一个从未接纳任何未经反思的事物的国家。法兰西并不愿意将这种自发的事物与那些要经历衡量的事物分离开。直到为她的欢愉找到了坚实而普适的理性支撑之后，才会死心塌地地赞美这种欢愉。对这些理性的追寻在过去就已经引导着她，就如同在古代，演说的艺术需要从演说自身中脱离出来。

毫不令人惊讶的是（我的幻想再度向我耳语），在这样一个绝不存在盲信的国度，如此的歧视大行其道。在我看来，对形式的感觉以及崇拜似乎是一种只源自知识分子那份抗拒的激情。总之，我跟自己说，是怀疑才导致了形式。[1]

佩雷的
基于古典主义传统的
法兰西理性主义
Auguste Perret's
French Rationalism based on
Classicism Tradition

毫无疑问，奥古斯特·佩雷深受法国理性主义以及维欧莱-勒-迪克论著的影响。他自己也向瓦果（Vago）承认过：

维欧莱-勒-迪克是我真正的导师。正是他让我能够抵抗巴黎美院的影响。[5]

在佩雷的写作中可以找到维欧莱-勒-迪克理论的痕迹。就像维欧莱-勒-迪克那样，佩雷将对建筑的最高目标放在建造过程的逻辑与清晰上。他的这句话简直就是维欧莱-勒-迪克在"论建筑"词条里开篇的延伸：

建造是建筑学的母语。建筑师是依靠建造来思考与言说的诗人。[6]

佩雷进而将建筑比拟为动物，就像上面

这段文字没有背离他与维欧莱-勒-迪克的哲学联系，他关于这一话题的写作是对维欧莱-勒-迪克关于自然的研究的创造性的阐释，强烈地暗示了一种梁柱结构：

今日的伟大建筑都有骨骼结构，无论钢制抑或钢筋混凝土浇筑的屋顶。

结构就是一座建筑，如同骨骼就是一只动物。与动物骨骼的韵律、均衡、对称，包含并且支撑起最多样、分布最为各异的器官等等特征相似，一座建筑的屋顶也应当是复合的、有韵律的、均衡的、对称的。

建筑应当能够容纳最复杂多样的器官，符合功能及目的。[7]

这在佩雷的香榭丽舍歌剧院（Théâtre des Champs-Elysées）的结构模型上体现得非常明显（图2）。建筑总体的框架是一

套规整的骨架，梁柱以有规律的跨度分布。剧院里各种曲线形式的功能空间悬吊于框架结构之中，如同位于动物骨骼中的内脏。可以看出，佩雷不仅忠实于自己的宣言，而且早在1911年就已经牢牢地掌握了钢筋混凝土的基本原理。佩雷从弗兰索瓦·埃纳比克（François Hénnebique）那里学来了钢筋混凝土的秘密，埃纳比克最早在19世纪80年代开始使用这种材料，是钢筋混凝土领域的巨擘。他接受的作为合同商的训练以及关于这项"新发现"的材料的系统化方法在欧洲的建筑实践中是一项革新。他设计了一整套建筑的装配机制，包括标准楼层的建造、典型的梁柱节点、钢筋列表等（图3—图6）。同时，他还为混凝土建造设计了精细的模板。另外值得一提的是一套精美图集，内容包含混凝土建造、金属拉结筋以及将拉结筋固定到木模板上的特制工具等。

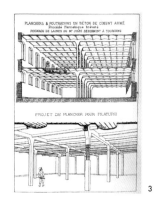

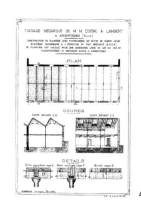

混凝土楼板以及金属拉结筋的图解（图7）与维欧莱 - 勒 - 迪克所绘的大厅尖拱（图9）颇为相似。在这两个例子里，建造物的压力均由厚重的材料承担，比如在埃纳比克那里是混凝土，在维欧莱 - 勒 - 迪克的设计中则是砖砌结构，而在这两个例子中拉力都由金属拉结件及其节点来承担。

图8表达的是模板与连接节点的精密系统。其实，诸如"为了浇筑出最简单的楼板需要多少施工构件与面层"这样的问题并不值得讨论。这也部分回应了一个与佩雷有关的问题，那就是，掌握了这样一种塑性材料，为什么他没有建成一座塑性的建筑？在混凝土材料的早期运用阶段，考虑到造价与难易程度，要完全表现其塑性本质所需要的技术与劳动力并不高。佩雷在与保罗·瓦莱里的对谈中回答了这个问题。

保罗·瓦莱里：既然混凝土总的来说像是一种糊状物，为何你在作品中没有更频繁地使用曲线？

奥古斯特·佩雷：是的，混凝土是一种糊状物，但我们是通过模板来塑形，通常模板的材料都是木头，这种对直线的重复运用似乎把我们带回到古代建筑，因为它模拟了木头，而我们使用了木头，这才是最正统的材料。木头的曲线形式造价很高，而且是一件耗费劳力的事，再者它并不是对一种能够定义出"风格"（*style*）的材料的经济化使用。[8]

佩雷的应答中有两个主题。首先是对经济性和简易性的关注，他相信建造行为应当寻找最为高效而清晰的解决方式。这个观念是维欧莱 - 勒 - 迪克体系的一部分，勒 - 迪克曾经说过：

对建筑师来说，建造就是根据材料的质量与属性发挥其所能——这种预想要通过最简单和最牢固的方式来满足需求。[9]

这是发自理性的声音，是对一种新技术的理性运用。佩雷的回答中，第二个主题与建造的文化与传统有关。佩雷将木头看作"最正统"的材料。对他而言，即便拥有了混凝土这种带有极强塑性的新材料，也还是要坚持以梁柱式的传统来建造，这不仅仅是经济上适宜、结构上合理，而且是在文化上"正统"并且与传统保持一致。毫无疑问，佩雷将混凝土的塑性表现限制在他建筑里的特定部位，比如楼梯。

当写到木头与其他备选材料之间的关系时，佩雷显示出他与古典秩序之间的真正联系：

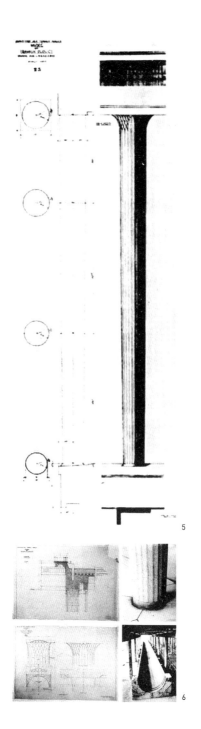

5

6

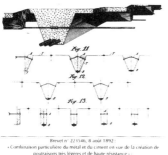

Brevet n° 224546, 8 août 1892 :
« Combinaison particulière du métal et du ciment en vue de la création de
poutraisons très légères et de haute résistance » ;
schéma explicatif annexé au brevet.

7

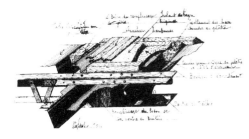

Gîtage en tôle et béton, brevet du 9 juillet 1892 ; détail du dispositif avec poutre
maîtresse en treillis recevant deux cours de solives.

8

9

 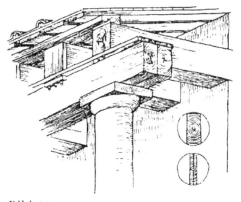

Bild 16

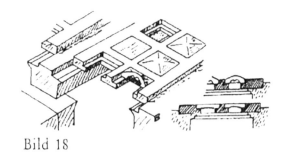

Bild 18

建筑在原初之时只是木框架。出于防火的需要，人们采用坚硬的材料来建造。木框架的影响是如此之大，以至于人们模仿了所有的木痕迹，包括钉头。[10]

佩雷的这段话以及他在职业生涯中对它的笃信揭示出技术与文化之间一种令人着迷的关系。它揭示出建造技术有一种能力或者是趋势，经历岁月而固化到建筑文化之中。假如我们追溯梁柱建造体系的线性发展，可以发现它首先出现在古希腊的神庙中。历经时间流逝，所有构件的比例以及连接件的细部不仅仅成为了建造标准的一部分，而且也融入了文化传统。之后，石头建造的技术出现了。这样，即使仍然采取相同的形式来建造也有可能降低一直以来存在的火灾威胁。然而，建造者更倾向于保持木构造里的全部细节与比例，尽管石头这种新材料需要依据自身特点采取新的逻辑（图10）。

回到佩雷之前的时代，人们发现了对混凝土这种材料的新运用。钢筋混凝土有很好的前景，在世纪之交的时代它的塑性是其他材料无法比拟的。佩雷采取了这种在50年之后让路易·康为之投入激情的材料：

想象一类高耸入云却无需支撑的建筑，于是地面能够再度从结构支撑的重担中解放出来。

地心引力说，你要支撑就必须克服我。

混凝土解开了地心引力的所有束缚，抵抗了重力的同时又嘲讽了它。

混凝土伟大的地方就在于，你不必为空中的楼层而去顾虑地面上该有什么。

然而，佩雷并没有构想出一类既能抵抗地心引力又打破了古典模型限制的建筑，他忠实于梁柱建造原则。他的论断基本上可归结为，这一整套梁柱体系正是滥觞于塑造混凝土形态的模板。这种塑性材料的模板材料是木头，所以带有原来木结构的材料局限。佩雷没有逾越古典主义的传统，是因为他面临着文化"正统性"与技术"理性"的交汇点，两者都基于木结构，启发了这种新的钢筋混凝土梁柱的结构逻辑。

佩雷在掌控了混凝土材料建造过程的同时，还显示出对于钢筋混凝土表现力缺失的担忧。从结构的角度来看，钢筋混凝土结构无法将沿着柱和梁的最大弯矩与剪力反映出来。所有这些应力都由隐藏在混凝土内部的拉结钢筋控制着。为了表现出钢筋混凝土结构这种内在的工作机制，佩雷让柱子向底部逐渐变细，以体现柱子越靠近底部压力越小。这种压力状况也可以通过柱子顶部的比例以及柱与梁的结合方式得到展示（图11、图12）。

高迪的
加泰罗尼亚式的
自然主义

Antonio Gaudi's
Catalonian Naturalism

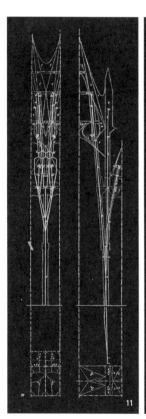

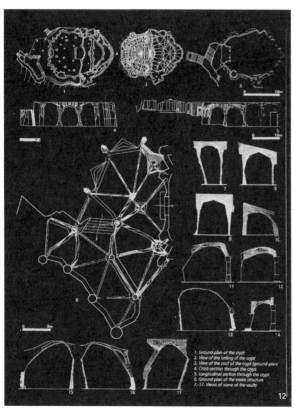

1. Ground-plan of the crypt
2. View of the ceiling of the crypt
3. View of the roof of the crypt (ground-plan)
4. Cross-section through the crypt
5. Longitudinal section through the crypt
6. Ground-plan of the entire structure
7.-17. Views of some of the vaults

当佩雷在钢筋混凝土技术上取得突破的同时，另一位建筑师正在巴塞罗那设计着迷人的作品。安东尼奥·高迪，与佩雷一样深受维欧莱-勒-迪克理论的影响。下面的段落摘自高迪在 1878 年 9 月的日记：

我在阅读维欧莱-勒-迪克的《建筑言谈录》。

对风格的模仿不可避免地导致冗余的装饰；简约的风格必然带有优秀的结构。

我们能够并且正在毫无偏差地定义着"比例"，或说部分之于整体的关系法则。对自然的学习能赋予我们某些直觉，但是对进化与材料的学习却为每双眼睛与每座建筑带来一种特质。

最重要的是建造的简约性（*constructive simplicity*）。

13

14

15

16

高迪，像维欧莱 - 勒 - 迪克一般，在一定程度上也和佩雷类似，将自然当作老师。佩雷将他的梁柱框架想象为动物的骨架，其中包含了所有功能需求各异的器官，而高迪对自然有着更为动态的解读。他更为接近维欧莱 - 勒 - 迪克对人体骨骼和关节跟动作的关系的分析（图 1）：

自然是一部伟大的、永远敞开的教科书，我们应当尽力让自己沉浸在自然中。[11]

这在高迪的古埃尔教堂（Colònia Güell）的地下室中体现得特别明显。原本计划建成的是一座教堂，但这个结构没有真正建成。实际建成的是一排奇特的拱，剖面均不相同，由数根石柱支撑，所有柱子都是倾斜的，与水平面的交角均不相同。天花板的拱面由一系列遵照加泰罗尼亚地区砌法搭建的拱券组成。最让人吃惊的是，每一根柱子都是倾斜的，以一个合适的角度来承担源自顶部结构的压力与侧推力（图 12）。

不得不提的还有位于柱顶与砖券之间的独特连接结构。在每一个结构中，力的流向总是通过连接部位得到清晰的表达，券、柱墩、叠涩等独立可辨（图 13—图 15）。这不仅仅在古埃尔教堂小圣堂中看得到，还存在于古埃尔宫地下室，其柱子的顶部会放大，以便与拱券的末端相连接（图 16）。

这让我们想起维欧莱 - 勒 - 迪克在《俄罗斯艺术》（*l'art Russe*）一书中的插图。这本书不仅仅记录了俄罗斯地区的建筑，并且提出了一种新的建造形式（图 17—图 19）。倾斜柱子承载了顶上尖拱的压力与侧推力（图 19），它们取代了周遭一圈的扶壁。高迪对哥特扶壁的无视与维欧莱 - 勒 - 迪克如出一辙，这绝不是巧合：

17

18

19

高迪相信，哥特时代直至结束都未能解决所有关键的建筑问题。比如，以飞扶壁为例，高迪并不认为它是一项巨大的技术创新，相反，他认为传统的飞扶壁导致中世纪的石匠未能正确认识并解决侧推力的问题。他将扶壁称作"拐杖"，认为通过对荷载的力学分析就能将扶壁设计出来。[12]

不仅仅是飞扶壁，高迪反对所有的对力流传递的不诚实表达，在他自己的所有设计中也采取相同的方法。这在他的家具设计中十分明显，椅腿不仅仅表现了坐者的重力带来的后推力，还使椅子稳定，防止它往后倾倒（图20）。高迪在设计整体景观的时候同样采用了一贯的思考方式。在古埃尔公园（Park Güell）中，挡土墙的角度与荷载和压力的力流相一致，这些都由受力图解决定（图21）。柱子完全被考虑为自然的一部分，

20

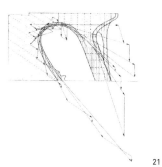

21

以一种很自然的方式承受着重力，如同树木一般。柱子以不规则的砌石方式来建造，整体的效果与景观融为一体，同时展现出树皮与洞穴的特征。

正是在圣家族教堂这个项目里，高迪进一步发展了这种结构的自然性。从 1890 年开始，中殿的设计和建造变得更加有机、更富有表现力（图 22）。高迪使用了一个悬挂倒置的模型，利用悬吊重力重新制定了结构荷载，找到最完美的抛物线形状以确定中殿的剖面（图 23）。海因里希·胡布斯（Heinrich Hubsch）在 1838 年前后试验过这类结构研究模型。

而高迪完善了这个结构模型。运用这种模型，他能够将所有的压力荷载和侧推力完全转移到中殿的各个柱子上（图 11）。他的死亡之门（Death Gate）的草图也体现了这样的意图——一系列小柱子将荷载传到斜梁上，进一步将竖向和侧向的荷载传到主要柱子上。此时，梁和柱变得很难区分，一切都是倾斜的。高迪在日记中写道：

在一座经典的建筑中，显而易见，整体是被某个单一的维度所控制的。

埃及人发展出纪念性（*monumentali-ty*），中世纪发展出垂直性（*verticality*）。

东方风格的钟乳石让人想到山洞的凉意……。

高迪的目标似乎是让他的建筑驶离长期存在于人类建造史中的分类框架，而奔向一种与自然的有机特性更一致的建筑类型。他非常成功地完成了这个目标。

高迪的工作方法并非毫无章法的异想天开。事实上，他的研究、设计和建造的每一步都像佩雷那样理性和严谨。他设计了

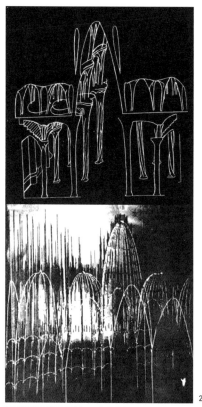

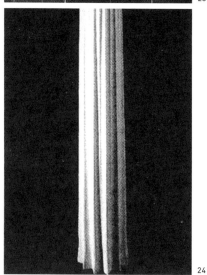

23

24

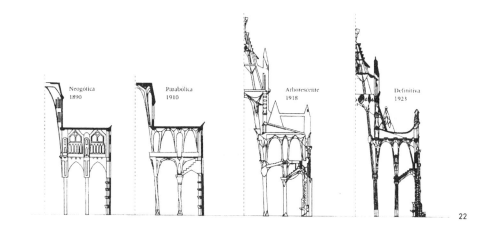

Neogótica 1890   Parabólica 1910   Arborescente 1918   Definitiva 1923

22

柱子的层级系统，运用不同材料来适应不同的荷载：

这些柱子极为漂亮，它们外表的复杂掩盖了每一种类型的柱子发展背后的简单原则。每根柱子都始于柱础，按照相反的方向逐级往上螺旋：有些沿柱身顺时针螺旋，有些逆时针螺旋。柱子是与这两种螺旋保持一致的实体，即，两种动态相互交涉剩下来的物质（图24）。

主柱的尺寸与荷载相匹配，并且荷载越大，应用的材料的抗荷载能力越强。高迪测试了四种类型的石材：蒙砂岩用在荷载最小的地方，其次是花岗岩，再是玄武岩，最后是斑岩，用于结构交叉处承重最大的柱子。柱础的形状也存在等级意义：蒙砂岩柱子采取六边形，而到了荷载更大的斑岩柱子，就需要十二边形。[13]

高迪同时设计了一个系统以进一步创造中殿的复杂几何形态。他利用三种不同几何形：双曲抛物面、螺旋面和双曲面，组合相交后寻找理想的形态。这是一个异常复杂的系统（图25—图27）。如同工程师巴里（Burry）所描述的：

两个相似的双曲抛物面相交会形成一条相交线，这条相交线上每一点到两个抛物面的中心距离都相等。这些相交线的位置和到基准面的距离对于墙壁的受力关系至关重要；这就是设计过程。高迪和它的模型工人不断重复这个过程以使整个中殿能够承受不同荷载的突变。最终的模型非常精确，可以让他的后继者清楚每一部分的受力，但同时又允许了石块切割所造成的一定浮动，避免形成一个僵死的标准。[14]

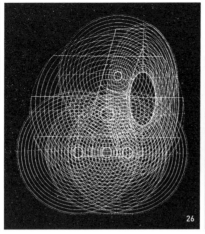

25. 高迪的几何形态系统（一）
26. 高迪的几何形态系统（二）
27. 高迪的几何形态系统（三）

一定会有人质疑这样一个找形（form finding）的复杂原则。为什么高迪构想并发展出这样一个难题？也许可以在他的童年和他关于现代施工过程的写作中找到一些答案。

高迪生于一个金属工人世家，这对他几何图形的观念产生了深刻的影响。胡斯（Hughes）用优美的文字描写高迪的成长经历：高迪生于一个四代金属工人的家族，他深受金属表面的几何形状和流动性的影响。他学着用"双曲面、螺旋面、双曲抛物面、圆锥面"这样的语言来描述儿时观察父亲锻造金属，击打铁铜薄板，让材料收缩膨胀褶皱形变——没有草图，形态就在工艺中被自然地塑造，陈腐平庸的平面形态被神奇地塑造成自由的体量。自然界存在大量的双曲抛物面，比如树枝向天空伸展的姿态，或是手

指脚趾之间在张拉开时出现的形态。[15]

这段话反映了高迪设计中的几何形态来源于对表达自然力量的构想，受到维欧莱-勒-迪克教义的影响并通过砌石工艺展现出来。这些作品在物质层面上非常好地实现了金属表面的形态，具有完全不同的物质文化、技术内涵和感知特性。另一方面，这也暗示出这些几何形状的自然性，因为它们不但存在于自然界，而且在被创造的过程中将自然形状实体化。

导致这个复杂过程的最后一个原因来自高迪自身——他在预想一个现代的建造过程：

帕提农神庙的精美大理石雕刻已经被石砌取代。今天，甚至石砌的雕刻表面也必须被砖、人造石头和混凝土一类的其他材料

结语
Conclusion

代替。这种明显的退化伴随着其他加速这一过程的因素一并到来。希腊石砌筑的形式和装饰都很简约，轮廓、节点及雕刻等所有的构建都经过细微的研究和矫正，这使得物体构件的叠加只受制于重力。哥特建筑的石砌是主动力与被动力的结合，体现在其轮廓线条的多样和刚劲有力，导致只能利用繁复的细节来加以点缀。因此每当结构变得更加复杂，施工就变得不那么重要。也就是说，节省劳动力是出于经济原因，同时取决于操作的复杂度。要建造一个精美的作品，以下几点是必需的——较少的脑力和体力劳动需求，更聪明的方式，更广泛的手段和更仔细的方法。[16]

回溯历史，维欧莱-勒-迪克的教义和方法确实对两个人都产生了巨大影响。他们吸收了勒-迪克思想的不同方面，并且发展出自身的哲学、建筑、工艺和材料的逻辑。真正令人赞叹的是这信仰体系如此严格地约束对塑性材料的运用。对佩雷来说，他的混凝土结构的可塑性更大程度地受到深深扎根于他思想中的法国理性主义的约束，而不是身边实际的木模板施工。所有材料特性被驯服以适应同一个组织逻辑，他认为这是真实和理性的。至于高迪，在他的方法论中，流动性超越了所有材料的约束，实现了与自然的凝聚，这存在于一切事物的本质当中。

两人之间的区别也源于他们不同的自然观。佩雷对自然的理解基于一个非常抽象的、哲学的层面，这受到当时法国思维和传统的影响。高迪与自然的关系更具有个人和精神意义。他对自然的理解基于一个更动态的层面，强调塑造的过程。高迪能够将对自然的深层精神赞赏和家乡加泰罗尼亚的传统砌拱工艺结合起来。他有着无穷的想象力和对这种传统建造不知疲倦的重新诠释，受到来自维欧莱-勒-迪克和自然本身的启发，同时运用了石材——人类最古老的建筑材料之一，最终创作出了精妙绝伦的建筑杰作。

这清楚地表明了传统建筑材料和建造工艺不竭的潜力。让它们显得很有局限性的不是物理特性或材料本身的构造可塑性，而是我们对其组合潜能刻板、过时的理解。技术和灵感源于大自然，且逐渐地融入并固化到文化中。因此，技术成为一把双刃剑：联系我们和过去的遗产，同时蒙蔽我们，导致我们忽视身边潜在的新世界。这无数的新世界在极为陈腐的事物背后沉睡着，等待着被唤醒。

[1] 维欧莱-勒-迪克："论建造"词条,《11到16世纪法兰西建筑类典》,第四卷,第1页。

[2] 维欧莱-勒-迪克:《建筑言谈录》,第十讲。

[3] 肯尼斯·弗兰姆普敦:《现代建筑:一部批判的历史》,第64页。

[4] Paul Valéry, 'Inaugural Address before the French Academy,' in *Selected Writings of Paul Valéry* (New York, 1950), pp.46-50.

[5] Pierre Vago, 'Perret,' in *L' Architecture d' Aujour d' hui, special Perret issue* (Oct, 1932), p.15.

[6] Auguste Perret, *Contribution à une theorie de l' architecture* (1952).

[7] Auguste Perret, *Contribution à une theorie de l' architecture* (1952).

[8] 'Conversation avec Paul Valéry,' AA Box 535 AP 326.

[9] Viollet-le-Duc, Entries 'Construction' from Vol. 4, p.2.

[10] Auguste Perret, *Contribution à une theorie de l' architecture*, 1952.

[11] Robert Hughes, *Barcelona*, p.468.

[12] Mark Burry, *Expiatory Church of the Sagrada Familia* (London: Phaidon Press, 1993), p.37.

[13] Mark Burry, *Expiatory Church of the Sagrada Familia* (London: Phaidon Press, 1993), p.59.

[14] Mark Burry, *Expiatory Church of the Sagrada Familia* (London: Phaidon Press, 1993).

[15] Robert Hughes, *Barcelona*, p.470.

[16] Antonio Gaudí, Reus Museum Manuscript.

刘晨

弗兰切斯科·波洛米尼：
石匠与建筑师

Francesco Borromini:
Stonemason and Architect

Liu Chen

* 本文最初发表于《时代建筑》，2016(5):142-147，作者刘晨，译者江嘉玮，本书收录时略有修改。

文艺复兴与巴洛克时代的（手）工艺

Craft in the Renaissance and Baroque Period

文艺复兴与巴洛克时代都已有精良的（手）工艺。它意味着什么？本文首先在此提供一系列的定义：

（1）

绘画、制造或者劳作中的技能，它们都来自人的心灵手巧。在建筑中，这种技能就是设计和建造。手工艺意味着手的技艺，在前现代非常重要。艺术家手绘草稿，建筑师设计细部，全凭手工完成。今日的计算机辅助设计和数字化设计革新了设计及思考过程，然而也将手从材料里分离。手工技能骤然衰落。

（2）

某类需要手工灵敏和艺术技巧的职业，比如"木匠的工艺""写作诗歌的才艺"，还有陶瓷、木工、缝纫和制鞋等工艺。后文将谈到，手工的灵敏与艺术的技巧是波洛米尼建筑里的两大特点。

（3）

有一类手艺是为达到某个目的而使用的迷幻手段。这反映巴洛克艺术的一些意图，它大量使用视幻术（Illusionism）。视幻术接近法语的"trompe-l'œil"（蒙骗双目）。比如在圣依纳爵教堂（St. Ignatius）里，安德烈·波佐（Andrea Pozzo）用视幻术的透视法绘制穹顶壁画，它逼真得令人难以辨别壁画始于何处。这种视幻术在舞台设计上大显神通。

（4）

（手）工艺还跟"行会"与"职业"有关。"行会"（guild，来自 14 世纪的中古英语）在普遍意义上指一群有共同利益和追求的人所组成的团队，它也特指中世纪的商人或者工匠的协会。现代行会指代沿用了古代行会组织架构与运作方式的职业协会。建筑学、土木工程、地理学、测量学这些职业的从业

波洛米尼与贝尼尼
Borromini and Bernini

1

者在获得开业牌照之前都需要经历不同时长的实习期。他们的开业牌照有法律效力，因而含金量很高。"职业"（profession，来自 13 世纪的中古英语）指需要特定知识和长期学术准备的行当。时至今日，很多西方建筑师将他们职业的源头定格在法兰西建筑学院。

在学院派建筑师培养模式出现之前，中世纪城市的匠人们根据他们各自的行当成立行会，比如有织丝匠、石匠、雕刻匠、玻璃匠的兄弟会。每个行会保守祖传下来的技术秘诀，这些是他们的"神秘技艺"。通常行会的建立者都是自由开业的独立大匠师，他们聘请学徒。当一个人在某一行里当完学徒，他就成为一名熟练工（journeyman），可以自立门户；当他事业有成，也能称自己为大匠师。早期现代的行会和贸易体系里有很明显的"学徒—熟练工—大匠师"上升途径。

乔凡尼·洛伦佐·贝尼尼（Giovanni Lorenzo Bernini, 1598—1680）（图 1 上）出生于那不勒斯，父亲是来自佛罗伦萨的雕刻家。在 1605 年他跟随家庭迁至罗马，除了在 1665 年应路易十四的邀请赴巴黎，直到去世也再未离开这座城市。

波洛米尼（Borromini, 1599—1665）（图 1 下）出生于卢加诺湖畔的比松涅城（Bissone, 今属瑞士提契诺州）。他来自一个石匠家庭。波洛米尼师从多米尼科·丰塔纳（Domenico Fontana）与卡洛·马德诺（Carlo Maderno），这两位都在去了罗马之后成为 16 世纪末 17 世纪初非常成功的教皇建筑师，分别服务于教皇西斯图斯五世（Sixtus V, 1585—1590 年在位）与保禄五世（Paul V, 1605—1621 年在位）。丰塔纳既是建筑师又是工程师，他发明了拉升圣彼得教堂广场上一整块巨石方尖碑的机械（图 2）。

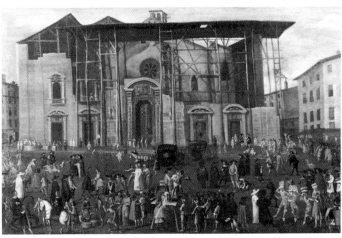

卡洛·马德诺也是一名出生于提契诺地区的意大利建筑师，以雕刻大理石起家。后人认为他是罗马巴洛克建筑的先驱之一。他在1607年被保禄五世任命为圣彼得大教堂的主持建筑师，完成了它的立面（图3），但却被批评立面设计得太宽广。

波洛米尼年轻时去了米兰，这是最靠近卢加诺湖的艺术中心。在米兰待了几年后，他在1619年底来到罗马。当时宗教改革运动风起云涌，教会和艺术领域都出现各种动荡。波洛米尼显然受到当时刚建成和尚在兴建的建筑的影响。米兰的建筑师们即将建完米兰大教堂，还剩西立面以及八边形的穹顶和尖塔。波洛米尼到得正是时候，他见证了米兰大教堂的建造高潮（图4）。他到石匠作坊里当学徒，学会了伦巴第地区精湛的建造技术和切石术，而这正是他的家族传统。他后期的成熟作品将展现他如何受益于这段学徒经历。

波洛米尼来到罗马时，罗马自身的建设几乎处于休眠。米开朗基罗在1564年去世，这位大师对维尼奥拉（Vignola）的耶稣教堂（Gesù, 1568）（图5）产生过显著的"手法主义"式影响，这种影响成为了"反宗教改革"运动（Counter-Reformation）中教堂设计的蓝本。这种几近枯燥的风格渗透在贾科莫·德拉·波塔（Giacomo della Porta）与丰塔纳的设计里，这两人是16世纪最后十年里最成功的罗马建筑师。

波洛米尼来到罗马后首先成了装饰雕刻师，而不是石匠。作为马德诺在圣彼得大教堂项目里的助手，波洛米尼旋即被介绍到这个巨大工程的建造团队中。波洛米尼一直为马德诺工作到后者去世。通过马德诺这位伯乐，波洛米尼开始建立起自己的名望，首先作为一名装饰雕刻师，然后才成为建筑师。

　　要是对比波洛米尼和贝尼尼，我们不得不提到米开朗基罗。两人都将米开朗基罗奉为偶像。贝尼尼天生就是工匠，能将大理石雕刻得巧夺天工；他像米开朗基罗那样，创作时极度专注，显示出超凡的毅力。不过，从性格上看，贝尼尼大大有别于怪癖而孤独的米开朗基罗。贝尼尼更像拉斐尔，擅长交际，雄辩滔滔，风趣幽默；他魅力无限，精明睿智，风度翩翩，运筹帷幄，既是一位好丈夫又是一位好父亲。这一切都让他获得许多好主顾的青睐。他服务过五位教皇、多位红衣主教，被委托了一堆招人嫉妒的大项目。他在超过五十年的职业生涯里获得巨大的成功。无论是否心甘情愿，当时罗马的建筑师们都不得不崇敬贝尼尼。

　　相反，波洛米尼服务的主顾都没那么位高权重，他拿到的也都是小项目。波洛米

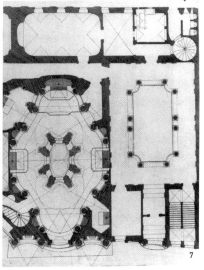

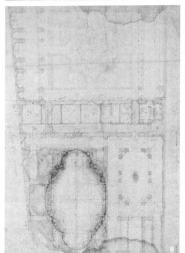

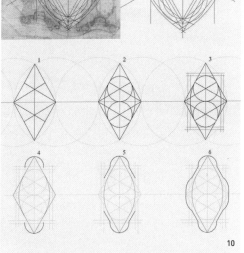

尼甚至到了 30 岁也未获得太多官方认同。尽管他建造出了优秀的建筑，却没得到像贝尼尼那样的社会荣耀。他忧郁、敏感、不妥协，这种性格让他容易满腹狐疑，不愿与人交往。他一生最信任、最尊崇的人是马德诺；他甚至表示，愿意死后埋葬在马德诺的墓旁。

马德诺在 1629 年去世后，贝尼尼被任命为圣彼得大教堂与巴贝里尼宫（Palazzo Barberini）的建筑师，而波洛米尼则成为贝尼尼的助手。命运将性格与设计手法都如此迥异的两位巨人牵到一起。巴贝里尼宫的螺旋楼梯是由波洛米尼设计的（图6），他同时为刻板的主立面设计了风格迥异的小边窗。

让我们再一次对比这两位天才。贝尼尼是个万人迷，张扬而聪慧，像他的文艺复兴同侪那样将绘画和雕塑视为通往建筑的必由之路。他结合各种门类的艺术，是一位卓

波洛米尼的建筑：
把控多种（手）工艺
Borromini's Structure:
Mastery of Multiple Crafts

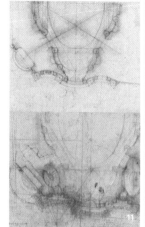
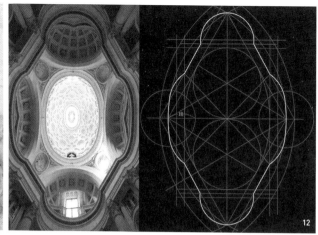

越的巴洛克大师。波洛米尼敏感、隐遁，从小经历专门的建筑训练，首先成为一名出色的营造匠师。他只通过建筑形式来设计，不采用色彩斑斓的材料或出人意料的光影。如果说贝尼尼的设计像歌剧创作（opera），那么波洛米尼的设计就像大键琴赋格曲（fugue），构思精妙，细节完美，复杂却由最严格的规律控制着。

波洛米尼是把控几何形态的大师，能够创造出严格控制过的几何形态。他的建成作品很少，只完成了为数不多的项目。我们来分析他的两个案例，一个是四泉圣嘉禄教堂（S. Carlo alle Quattro Fontane, 1634—1641），另一个是圣依华教堂（S. Ivo alla Sapienza, 1642—1660）。

四泉圣嘉禄教堂

四泉圣嘉禄教堂位于罗马七丘之一奎里纳尔山上两条道路的交界处，四个街角各有一座喷泉，由此得名。委托方是西班牙跣足圣三一修会（Spanish Discalced Trinitarians）。教堂的用地很狭窄（图7），被道路削出不规则的形状，它距离巴贝里尼宫仅几百米。整座教堂包含教士住所、食堂（现用作圣器室）和回廊。波洛米尼首先从回廊开始设计（图8），其基本形态是一个细长的八边形，周围紧密排列着一圈富有韵律的柱子。所有柱子在顶部由一道连续的挑檐联系起来，在角部换成外凸曲线，防止破坏连续的韵律。

波洛米尼在自己的手稿（图9）里深入研究过这座教堂的设计。他花了很多时间处理几何形态的细节。我们在此尝试还原他最初的平面设计步骤（图10），展现平面构思

如何愈臻完善。波洛米尼绘制了许多细部图纸，推敲几何形态。他的最终方案甚至连立面上的几何形态都做了精细的细部设计（图11）。最后敲定的方案是一个包含两个等边三角形的菱形（图12）。

这些特点展现出这个教堂方案犹如音乐般的"管弦和鸣"（orchestration）。在建筑横向轴线上，两个等边三角形构成一个菱形，它们的基座连在一起。假如你抬眼望向穹顶和天花，会发现平面上的波浪状边界精确地跟随着这个菱形升起。波洛米尼的设计建立在几何之上，这跟古典设计套路很不一样。古典的设计原则是采取模度，通过对一个基本算术单元（柱子直径）的叠加或分割来生成总体和细部的设计。波洛米尼的设计方法则是将一个完整的几何形态切分成次级几何单元。他舍弃了古典的设计法则，拒绝拟人化的建筑思维。波洛米尼几何式的设

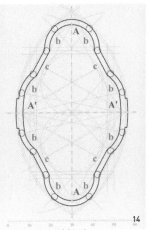

计手法是典型的中世纪方法，他始终钟情于三角剖分法（triangulation）。有一个问题值得深究：波洛米尼在去罗马之前，究竟接受过多少这种石匠传统的训练？伦巴第地区在数百年的时间里都是意大利石匠的摇篮，而中世纪的建造传统在这些石匠的作坊里世代相传。

四泉圣嘉禄教堂的室内空间尤为注重柱子的雕塑特征。柱子每四根构成一组，分别沿纵向和横向轴线对称。这些柱子由壁龛以及连续的柱上楣构统一起来，而主轴线上的暗色金丝镶边油画造成一种视觉上的显著停顿，如同诗歌中间的韵脚（图13）。

我们可以如下解读这种建筑空间的韵律（图14）。从入口的开间开始，教堂平面遵循着 | A | bcb | A' | bcb | A | 这样的韵律；然而，这显然并非全部。高处的拱券与油画之上的分段山墙创造出另一套韵律。这些元素又似乎将每条轴线上的三个开间联系成整体，于是韵律就变成 | bAb | c | bA'b | c | bAb |。这两套韵律重叠了一个开间（图15）。那么真正的停顿（韵脚）到底出现在哪里？在开间的重叠之处，显然存在一种手法主义层面的复杂处理。波洛米尼没有强化这种复杂性，而是通过两种方式来进行削减：首先，柱上楣构形成一道坚实的水平线，观者的目光顺其滑移，能环绕整个教堂一周，不被打断；其次，柱子没有特别的方向感，它们可被视作曲线墙体上连续出现的重点元素。正是位于这狭小的教堂内部空间里的柱子体量整合了它复杂的形态。

重叠的三元组可被视为"背景韵律"，构成永不止息的丰富布局方式。可将其比拟为"经纬线"（warp and woof），即墙面肌理的基础。从音乐的角度说，这种组织方式好比一首赋格的结构，或许巴赫可以从波

17

16

洛米尼的设计中获得灵感。

　　为建造四泉圣嘉禄教堂的穹顶，波洛米尼加入了帆拱（图16），这个过渡结构使他能够在曲线形体之上设计出一个椭圆形的穹顶。横轴上进深较小的壁龛与纵轴上进深较大的入口与祭坛暗示着希腊十字平面布局的双臂。这个椭圆穹顶的藻井（图17）图案如同迷宫一般，八边形、六边形和十字形三种几何体被严丝合缝地组合起来，如同蜂巢。这种如水晶般清晰的简约几何体与贝尼尼建筑中古典形式的藻井相去甚远。实际上波洛米尼的穹顶在古典时代找不到任何先例，他的设计是一个创举。

　　波洛米尼的杰出设计甫一完成，即得到认可与称赞。西班牙跣足圣三一修会的会长称：“我们都认为，这世界上没任何东西比圣嘉禄教堂更具有艺术的奇思妙想与卓尔不群。那些从不同国家千里迢迢来到罗马的日

18

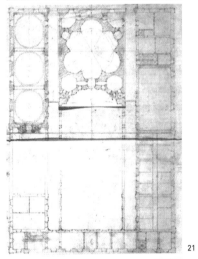

21

22

耳曼人、弗莱芒人、法兰西人、意大利人、西班牙人甚至印度人，都想得到这座教堂的设计图稿。"他给予波洛米尼的设计一个清晰的概括："一切布置得如此完美，各个部分交相辉映；参观者的目光被吸引着四处游走，无法停歇。"

四泉圣嘉禄教堂的立面直到1665年才开始建造，到1667年完工。这是波洛米尼的最后一件作品，立面上的雕塑在他逝世后于1682年完成。波洛米尼作为建筑师的整个职业生涯起始于这座教堂的设计，终止于它立面的建造。该立面的做法结合了一大一小两套柱式体系，它源自米开朗基罗的卡比托利欧宫（Capitoline Palaces）与圣彼得大教堂的立面。米开朗基罗创意的精髓在于用一套大柱式贯穿整个立面，而波洛米尼的设计则另辟蹊径，他刻意在立面上重复使用大柱式，令上下两层难分伯仲。

这种立面上的刻意重复制造出一种独特的对比，上部跟下部几乎完全镜像。立面下部由两个外侧的内凹开间与中心的外凸开间组成，贯之以大波浪般的柱上楣构。立面上部是三个内凹的开间，其楣构亦被切成三段；中部嵌着一个由天使托起的椭圆形浮雕，上覆洋葱状顶饰，这个浮雕打断了楣构的水平趋势。在立面的下部，外侧两个开间的小柱子框出一小块墙面，上开椭圆形小窗，小窗之上是摆放雕塑的壁龛；在立面的上部，小柱子框出壁龛，上面则是闭合的墙面镶板。对比同样体现在空间的开与合之上：下部中心外凸开间的门洞与上部中心内凹开间上如雕塑般凸起的椭圆窗洞此呼彼应。总而言之，多样性是这座教堂立面设计的精髓，即便在统一的母题下也会出现两极分化（图18）。

值得一提的是，教堂立面上的雕塑与装

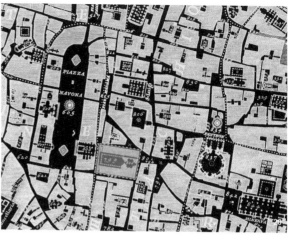

饰并非出自波洛米尼之手，圣查尔斯·博罗密欧（St. Charles Borromeo）的雕像是安东尼奥·哈吉（Antonio Raggi）的作品。立面紧凑，墙面很少，由柱子、雕塑与装饰组合起来，这些都是巴洛克盛期的典型特征；观者的注意力在这样的立面上会随着它的动态到处流动。在波洛米尼的设计里，雕塑总是隶属于建筑（图 19）。这种在建构上自成一体的作品中，雕塑不一定会出现；假如逼真的雕塑细节确实出现了，它也仅被用作辅助建筑形式的装饰元素。这种建筑与雕塑的组合关系在当时可以说有悖常规，与贝尼尼那种永远将雕塑置于建筑叙事核心的做法截然不同。贝尼尼的雕塑绝对不会失去叙事内涵，因此也就绝对不会隶属于建筑。

圣依华教堂

波洛米尼在设计完四泉圣嘉禄教堂后，旋即设计了这件作品，在其中进一步发展了教堂设计的想法。这座教堂的委托方是阿奇吉纳西欧智慧学院（Archiginnasio della Sapienza），即后来的罗马第一大学（Sa-pienza-Università di Roma）。此教堂基地位于贾科莫·德拉·波塔设计的狭长拱廊内院的东侧（图 20）。

波洛米尼在这个设计中回到等边三角形的基本几何形态。两个等边三角形相交，构成一个六角星（图 21）。两个三角形的相交点位于圆周之上；这些点相互之间连成直线，形成一个正六边形。三个直径为六边形边长的半圆弧取代了其中一个三角形的角，同样直径的圆弧与另一三角形的角部相交，于是穿过六边形中心的每条对角线端头的两侧分别是一段半圆形凹墙与一段扇形凹墙，如此生成了凹凸相间、曲折有致的平面最终轮廓（图 22）。

在圣依华教堂设计之前，六角星的平面形态在文艺复兴与后文艺复兴的教堂里根本找不到。或许在古典建筑里能找到这种形态，但除了一些草稿之外，我们很难准确地说哪座意大利建筑算是先例，即便简单的正六边形都很少用。在正四边形、正八边形、正十二边形这类平面形态里，正交轴线能够同时穿过四条等边的中点；但在正六边形里，正交轴线中的一条能穿过两条等边的中点，另一条轴线只能经过两个角。这意味着正六边形发展而来的平面做不到各个方向一致，进而会导致不稳定乃至冲突。因此建筑师很少使用正六边形。

波洛米尼娴熟地回避了正六边形本身的矛盾。他的设计方法别出心裁，用一组大壁柱环绕教堂的六角星平面一圈，促使观者充

23

24

分体验并理解整个教堂空间的统一与同质。宽厚而连续的柱上楣构增强了这种空间的同质感，同时清晰地表现出平面的六角星形态（图 23）。

波洛米尼在这座教堂的基本设计手法与在四泉圣嘉禄教堂的设计手法相近，再次娴熟地运用"背景韵律"，频频激发出观者的好奇。圣依华教堂里每一段凹墙都由三个开间构成，两翼的小开间夹着大开间（图 25 里的 ACA 与 A'BA'）。然而，这些由三个开间构成的三元组相互之间并不割裂。比如，每个转角上的两个小开间（AA' 与 A'A）非常相似，它俩模糊了空间序列中的突兀停顿，使空间出现诗意的韵脚（图 24）。若进一步观察，会发现空间中两套互相重叠的韵律。半空中的连续水平线条被半圆形凹墙的祭坛开间（C）打破，而柱头下的连续水平线并没有延伸过扇形凹墙的外凸开间（B）。

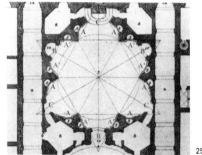

25

26

于是就出现了两种由五个开间构成的"超级单元",其韵律可被解读为 AA'BA'A 或者 A'ACAA'。观者能够感受到不同韵律的交叠与并置。因此可以说,整个墙面空间是由三个互相紧密关联的主题组织而成,它们的间隔表现在三处:半圆形大开间 C;外凸开间 B;小开间 A 与 A' 之间形成的锐角(图 25)。

圣依华教堂的穹顶延续了平面的六角星形态,穹顶从每一条边的底部开始就开大型天窗。壁柱的垂直线条在穹顶的金丝镶边折角上得到延续,这也重复了底部墙面三段式开间的韵律。尽管柱上楣构的水平线条存在感强烈,垂直向的动势却更具能量。尽管穹顶升起于不规则的平面,这种动态与强烈的对比却随着穹顶的上升而逐步减弱,最终在屋顶采光亭下臻于纯圆。这里最奇妙的设计是将空间化繁为简、聚零为整。当目光从上

往下移动,穹顶部分如天国般的纯洁形式会过渡到底座部分如俗世般的复杂多样。简约的几何形态、联翩无尽的浮想、娴熟高超的技艺、宗教的象征形式等在这个教堂里全部取得了和谐统一。

圣依华教堂的外部设计也不寻常。它的主入口不得不放置在贾科莫·德拉·波塔设计的狭长拱廊内院的半圆形尽端。波洛米尼利用波塔设计好的两层半圆形拱廊,将它作为圣依华教堂的主立面(图 26),并在此立面上设计了一个非常奇异的穹顶。总的来说,波洛米尼遵循了意大利北方的传统,将穹顶包裹起来,而不像意大利中部的建筑师例如伯鲁乃列斯基(Filippo Brunelleschi)那样展露穹顶的曲线。波洛米尼自己发明了一套全新的方法来设计这个穹顶结构,它分为四个部分(图 27)。

第一部分是厚重的正六边形鼓座,其

117

塔顶

螺旋体

采光亭

塔锥体

鼓座

27

外凸形态与教堂的内凹立面形成对比，每一段凸起包含的两个小开间与一个大开间又与教堂内部凹墙的韵律相呼应。在每两段凸起交汇的地方，柱式秩序得到加强，更显张力。第二部分是鼓座之上的阶梯状塔锥体，它由扶壁状的拱肋等分，侧推力经由拱肋传递到鼓座。这个塔锥体上面是采光亭（lantern），双柱与凹壁间隔出现，环绕一圈，其形态令人联想起罗马人在巴勒贝克（Baalbek）建造的小神庙。鼓座、塔锥体与采光亭这三部分各自特征迥异，却由强大的结构主线维系在一起。在采光亭之上的是第四部分，它是由一整块石料雕琢而成的螺旋尖顶。它不对应该教堂任何室内元素，也不直接顺应教堂外部的动态，而似乎是将它底部的各种动能拧在一起，最后以螺旋状的动态将它们释放到顶点。这个螺旋尖顶没有确切的原型，不过它带有象征意义，目前学界的研究还没能精准解释这层意义。

圣依华教堂是波洛米尼的杰作。他在这个作品的设计上尽施才华，登峰造极。贝尼尼认为建筑只是供戏剧化事件发生的舞台，雕塑才是演戏的主角。与贝尼尼的作品不同，圣依华教堂内在的戏剧效果却在鲜活的建筑观念自身，那些建筑母题在这个设计里不断展开、延伸和对比。波洛米尼创造出浪涛汹涌般的动态，又让它回归平静。波洛米尼很熟悉米兰大教堂，在他的作品中能找到与哥特建筑的关联。圣依华教堂所采用的扶壁系统说明波洛米尼是从意大利北方的中世纪传统中获得了灵感，而不是同时代的罗马传统，因为扶壁这种结构要素只能在中世纪建筑里找到。

波洛米尼身后的影响与遗产

Borromini's Death, Influence and Legacy

贝尼尼被授任主持圣彼得大教堂的建造工程时只有26岁。他以雕塑起家，并未接受过建筑训练。无疑，这个项目中依靠波洛米尼的才华与技艺才得以解决了许多结构上的难题。贝尼尼将波洛米尼的专业才华发挥到了极致；但波洛米尼却觉得这次经历让自己丢脸。两人之间的巨大差异导致他们几乎不可能避免争吵。波洛米尼后来控诉贝尼尼剥削自己并且窃取了他的发明成果。

然而，波洛米尼性格里的敏感和精神上的痛苦让他全身心投入艺术。他对艺术之外的事物置若罔闻，据他早期的传记记载，波洛米尼常常不要酬劳，为的就是能够在自己把控的建筑项目中获得完全的自由。

波洛米尼在晚年遭受了巨大的挫折。他在肉体上、情感上和心智上都已经筋疲力尽。他几乎切断了与外界的一切联系，甚至连朋友都不再来往，他将自己锁在工坊里潜心做设计，尽管他很可能知道这些设计不会实施。也许是因为早年与贝尼尼合作落下的阴影，波洛米尼很担心其他建筑师窃取他的设计想法，因此他销毁了很大一部分自己未实施的方案，这给后辈的建筑师和学者留下了巨大谜团。最后，他在绝望中挥剑刺向自己，像梵高那样试图自杀。他奄奄一息七个小时之后才断气。就在这七个小时里，波洛米尼凭着不可思议的平静，客观地写下了自己为何要自杀。难以想象他如何能够在如此复杂的情感和剧烈的疼痛中控制自己。这种能力在他设计的建筑里也找到了对应：他能够平静而超脱地控制住哪怕是最疯狂的想法。波洛米尼也许在生活上不能驾驭感性与理性的天平，但他在艺术创作中却能够将这两种看似不可调和的要素美妙地结合起来。这种罕见的品质使他成为一名伟大的建筑师。

波洛米尼在世时只有为数不多的崇拜者。从他的时代一直到19世纪，他都被指摘为建筑学的离经叛道者，丢弃了古典建筑的全部法则，取而代之的是无秩序。波洛米尼还被批评带坏了意大利以及中欧很多代建筑师的品位。而今日波洛米尼已是公认的巴洛克时代最伟大的天才之一。他在罗马没有继承者，不过他的艺术创造却在都灵、皮埃蒙特、意大利之外的中欧乃至波兰与俄罗斯长出了繁盛之花。

谭峥

节点的进化：
康拉德·瓦克斯曼的预制
装配式建筑探索

The Evolving Joints:
The Prefabricated Buildings of
Konrad Wachsmann

Tan Zheng

* 本文最初发表于《 时代建筑 》，2017(3):152-157，作者谭峥，本书收录时略有修改。

迟到的"建筑的转折点"
A Late Turning Point in Architecture

康拉德·瓦克斯曼（Konrad Wachs-mann, 1901—1980）的职业人生正好可以被经营"通用板材公司"的经历分为前后两段，前期的瓦克斯曼是欧洲的新锐建筑师，由于为爱因斯坦设计度假别墅（1929年）而声名鹊起。后期的瓦克斯曼是一位持续探索预制装配式建筑通用构件的建筑教育家，与一众"流亡"知识分子一道延续并传播欧洲大陆的工艺传统。如果不曾将自己的名字与格罗皮乌斯（图1）相联系，瓦克斯曼只是一个战后现代主义建筑运动史的配角。即使在他度过晚年的洛杉矶，也有理查德·努特拉（Richard Neutra）与辛德勒（Rudolph Schindler）等人珠玉在前。1980年瓦克斯曼因其贡献获得了努特拉奖章，此时距他创建通用板材建筑体系已经有近40年。

瓦克斯曼生于奥德河畔法兰克福，卒于美国洛杉矶。早年在柏林与德累斯顿的

工艺学校学习，曾经受业于汉斯·波尔齐格（Hans Poelzig）。波尔齐格将瓦克斯曼介绍给了当时德国的一家预制木构建造商"克里斯托弗与恩马克事务所"（Christoph und Unmack），正是在这家公司任职期间，瓦克斯曼为爱因斯坦设计了度假住宅，因而声名大噪。这栋住宅位于勃兰登堡（图2），采用模块化木构件，是后期的通用板材公司的预制装配系统的预演。大萧条期间，瓦克斯曼的事业开始衰微。1932年瓦克斯曼获得德国的罗马学院旅行奖学金，在意大利求学数年后在罗马继续进行建筑设计执业。1938年，希特勒访问意大利，瓦克斯曼因其犹太人身份被关进位于巴黎的集中营。1941年太平洋战争爆发，瓦克斯曼获得了去往美国的签证，在爱因斯坦的帮助下，他几经辗转流离到波士顿。此时他一文不名，当时已经任哈佛大学建筑系主任的格罗皮乌

斯接济了瓦克斯曼在美国最初的生活，为他安排工作场所。

在流亡美国的当年，基于携带的为数不多的图纸，瓦克斯曼与格罗皮乌斯合作建立通用板材公司（General Panel Corporation）。1952年，瓦克斯曼的"通用板材公司"正式破产，此时距他移民美国已历十余年，处于20世纪中叶的公司已经在相当程度上脱离了他最初的设想。一方面，公司债台高筑已经无法继续经营，公司位于纽约的总部与位于洛杉矶的生产车间，每日的物料与劳动力成本十分巨大，但是建成的各类单体建筑却不到500栋。另一方面，瓦克斯曼当初是放弃了原来在欧洲的建筑师事业投入公司经营，但是他对技术美学追求的热情却日渐炽盛，他的理想是在办公室里勾画理想的构件与节点，或在车间里研磨工艺，对经营公司并无兴趣，但是随着公司的扩张，

他的精细的节点工艺与材料要求除了增加成本，对收支平衡毫无助益。另外，由于洛杉矶的工厂逐渐不愿受纽约总部节制，瓦克斯曼掌控生产全程的愿望无法实现。因此，在失望之下，他与当时的合伙人格罗皮乌斯相继淡出管理层。

1948年，无心经营公司的瓦克斯曼开始任教于伊利诺伊理工大学设计学院（Illinois Institute of Technology），直至1964年离职赴南加州大学任职。此时，作为实践者的瓦克斯曼已经淡出历史舞台，但是他的教育家与研究者角色却一直持续到1974年从南加州大学退休。1961年，瓦克斯曼出版了《建筑的转折点》（*The Turning Point of Building*）一书，此书依然激情洋溢地宣告一个工业化建筑"转折点"即将到来。在书中，瓦克斯曼认为现代主义发端于水晶宫，水晶宫的迷人之处在于"整个结构

都由细小而简单的构件组成"，并且这一结构从整体到局部都"浅显易懂"。然而，20世纪60年代的现代主义建筑运动已经进入尾声，贯穿整个20世纪前半叶的住宅短缺现象已经基本缓解，大批量预制建筑的需求急剧缩减，现代主义最初的济世初衷已经成为屠龙之技，或转化为精英化的国际主义建筑语言，或为即将崛起的新一代先锋主义提供养料，因此，他的所谓的"转折点"与其说即将到来，毋宁说已经以另一种并不理想的方式发生。他的宣言显得与时代的激变格格不入。

两种研究纲领

Two Research Programmes

建筑理论家斯坦福·安德森（Stanford Anderson）将建筑学的研究纲领分解为"建造纲领"（Artifactual Programme）与"概念纲领"（Conceptual Programme），两种平行纲领有联系却互不隶属。[1]建造纲领处理建筑学自身所建基的经验事实，概念纲领处理建筑学的科学性、自主性理论。安德森以柯布西耶的建筑学研究纲领为例说明了这一分析框架如何应用于建筑历史研究。他将柯布西耶的"新建筑五点"的发展史分解为初级研究纲领（"漫步建筑"与"多米诺体系"[2]）、整体研究纲领（新建筑五点）与建造纲领（草图与一系列建成作品）。相应地，瓦克斯曼的建筑学研究历程也可以分为如上三种纲领——以"打包住宅"（Packaged House）与"活动空间构架"（mobilar space-frame）为代表的初步研究纲领，以"通用模数与节点"（universal module and joints）为表现的整体研究纲领，以及他在欧洲与美国的建造实践所构成的建造纲领。

当代建筑史学家普遍将瓦克斯曼的贡献视为20世纪60年代新先锋主义的"巨构"运动的预演，抑或视为战后的建筑学由于不断受到"控制论"影响而做出的学科内部的反应。[3/4]史家感喟于瓦克斯曼对节点优化与模数统合的执着追求与不济的时运，却很少从他的建筑学研究的多重线索来进行考察。[5]从当代视角反观，瓦克斯曼至少秉持两种研究目标。一方面，预制装配式建筑是解决战后住宅短缺的利器，是一个社会工程，这也是他与格罗皮乌斯的合作基础，更是后者的长期关切。另一方面，模数与节点在几何秩序与力学表现上的完善是一个建筑学科内部的目标，这个目标的探索与结构是否解决了社会问题并无直接关联。预制装配技术的发展是为了降低人工劳作的不确定性，用标准化建造来保证效率与质量。但是，在效率与质量已经不成为问题或可以以更经济的方法实现的时候，瓦克斯曼所追求的预制装配式技术就沦落为一种对历史进程的反动。

建筑史家弗兰姆普敦（Kenneth Frampton）认为瓦克斯曼和富勒等人是保证"美式盛世"（Pax Americana）的技术官僚。[6]如此的盖棺定论使得他的研究与贡献远离学术聚光灯，消隐于美国战后技术文化发展的大背景中。2009年，南加州大学教授约翰·恩莱特（John Enright）对瓦克斯曼留存于世的大量档案图纸进行了重绘与基于当代数字可视化技术的再现。恩莱特的工作本身并没有解开瓦克斯曼的节点与模数系统的自主性黑箱之谜，但反映了近期西方建筑学院圈对战后新先锋主义迷思的窥视欲望。或许可以更进一步追问的是：如果单独审视瓦克斯

通用板材与活动空间构架

General Panel and Mobilar Space-Frame

曼的学科研究目标，他的节点与模数协调是否推动了建筑学本身的进步？如果瓦克斯曼的探索无法脱离经济社会条件，那么哪些条件限定了瓦克斯曼的自主学科研究？瓦克斯曼的两种研究目标是何时开始分裂的，是否与现代主义建筑运动进入晚期的处境有关？

模数协调与建筑标准化是现代主义盛期的重要议题之一，只是推动这一发展的先驱往往都来自制造业与工程业界。美国工业家阿尔伯特·比米斯（Albert Farwell Bemis）在他 1936 年的著作《进化的住房三部曲之三：理性设计》一书（图 4）中描述了一种以 4in 立方体为单元的模数系统。[7] 所有的建筑部件与空间都可以是这种模数单元的空间叠加。在主要模数以外，比米斯还定义了一种连接件模数单元。比米斯认为一个理想的连接件模数立方体应该是在三个方向上都对称的，因为唯有如此才能保证连接件的可重复性。比米斯的模数思想对于美国的战后建筑标准的建立起了非常重要的作用。[8] 我们可以看到之后的各种模数与构件系统都是对比米斯系统的发展。[9] 与比米斯不同的是，瓦克斯曼对于理想结构解决方式的持续探索已经不仅仅为了满足工程上的应用，他的热

情投向了对这种工程技术的形而上学概括。瓦克斯曼的独特实践使他在众多战后的预制建筑推动者之中显得与众不同，他的结构世界描述了一个预示信息网络的结构系统。

在通用板材公司成立之初，格罗皮乌斯利用他的人脉资源为公司筹集了众多投资，其中部分投资还有美国军方背景。1945年，公司将一座在洛杉矶附近布尔班克（Burbank）的军工厂改建为构件制造车间，瓦克斯曼亲自设计车间的平面布局与工艺流程（图 3），改建持续了数年时间。洛杉矶的车间不仅生产主体结构板材，也生产给排水、采暖通风与电气等设备部件。今天，学术界普遍认为，尽管在加州有许多现代主义建筑师致力于预制装配式建筑开发——这包括努特拉与格里高利·安（Gregory Ain）等，但是真正完备的系统只有通用板材公司才能提供。

125

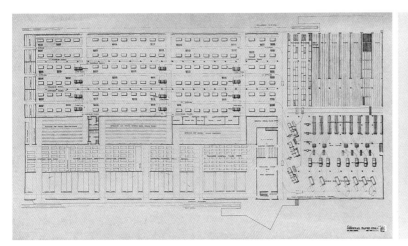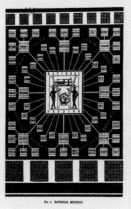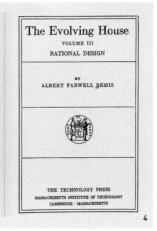

通用板材公司的"打包住宅"

"打包住宅"（Packaged House by General Panel Corporation）是通用板材公司的旗舰项目，瓦克斯曼在巴黎的集中营里已经开始构思这一产品。1942年，格罗皮乌斯帮助瓦克斯曼申请了一系列"打包住宅"的专利（图5）。"打包住宅"的主要构件是宽3ft4in，高8ft4in的标准板材。板材内外侧均粘贴道格拉斯杉木胶合板以防水。这种板材附着在木构架上，构成墙面、楼板、屋盖与天花体系。板材具有较高的抗剪特性，可以抵抗加州的地震。这种板材本身并不新鲜，当时的别家预制住宅生产厂都采用类似产品。但是通用板材公司的"核心技术"是它的三件套楔形金属连接件（wedge connector），这种类似中国孔明锁的构造仅需锤子就可以安装，无需钉子或螺栓，楔形金属连接件进一步与板材终端咬合，将木构

建筑的结构韧性进一步强化（图6）。以水平向的3ft4in为模数，这一体系可以无限延展，形成多种建筑形式变体。

格罗皮乌斯对政治经济局势的敏感嗅觉使得他能够筹集大量投资，这还包括来自具有政府背景的"战时财产管理局"和"重建金融公司"的贷款。巨量的投资使得生产得以维持，但是需求始终不旺。至1952年破产，通用板材公司建造了至多500幢预制装配建筑，远远不如当时较为成功的预制房屋建造商拉斯特朗（Lustron House，后来也在20世纪50年代申请破产）。通用板材的产品多数为军事用房。建成的民用住房多在加州及亚利桑那州，其中最有名的当数通用板材（洛杉矶分部）的主持设计师鲁迪·沃尔夫（Rudy Wolf）位于好莱坞山的自宅。[10]

格罗皮乌斯对标准化建造的偏爱来自他从一战之前就秉持的社会理想，他认为高层

板式集合建筑是解决住宅短缺的终极方法。但是，美国本土的笼式木框架结构（balloon frame）已经比较成熟，其建造无需特殊培训，低技能工人也可以胜任。美国西部是资本主义内部的后发地区，同时这一地区地域广大、环境舒适、四季如春，建筑物更接近消费品而非遮风避雨的庇护所。美国西部的本土住宅市场对设计的精确度与材料的质量要求很低，格罗皮乌斯的社会理想并无用武之地。另外，为了追求视觉上的完美，通用板材公司使用的是高档的木装修材料，并将各种电气管线隐藏在板材内部，虽然这能够降低初始安装成本，但使得维修维护十分不便，这也是通用板材的产品不受市场欢迎的原因之一（图7）。

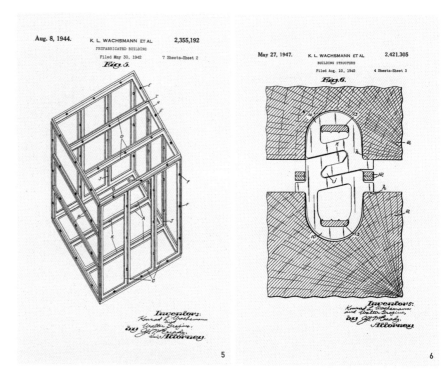

巨构的前奏——"活动空间构架"

军工企业开始注意通用板材公司的产品。1944 年，阿特拉斯飞机制造厂（Atlas Airforce Corporation）的总裁成为通用板材公司的董事，为通用板材带来了新的业务类型——大跨度飞机制造车间。借此机会，瓦克斯曼开始细化他早就开始构想的"活动空间构架"。在离开通用板材公司之后，已经任职于伊利诺伊理工大学的瓦克斯曼在军方资助下继续这一项目的研究。

这一构架有不同的版本问世，最终的形态是一个跨度 120ft（36m）、可快速拆卸安装的空间桁架结构，截面类似展开双翅的水鸟（图 8），由两排支架衬托的整个翼展达到 500ft（150m）。瓦克斯曼对节点构造的几何秩序极尽挑剔，对常见的节点设计十分不屑。因此，该结构以稳定的正四面体为基本单元，所有节点以楔形连接件咬合而非

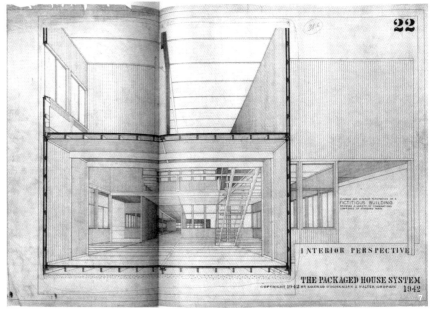

8

9

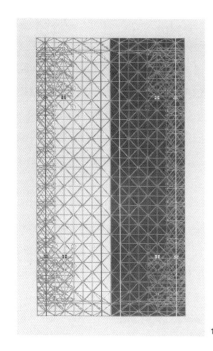

10

螺栓连接，杆件分为 3in 与 6in 口径两种，杆件的连接节点（即四面体顶点）相距 10ft（3m），由于主要方向的构架采用平行的多排杆件，每一个节点可以连接多达 20 根杆件。[11] 此时的瓦克斯曼更加强调节点的自适应性，这种楔形连接可以适应更多的连接方式与杆件角度。

在瓦克斯曼研发该结构的同时，美国军方缩减预算，这一体系最终无法被军方采用，但是瓦克斯曼的研究意图本来就不在于军事，他希望项目的成果能够用于民用的大跨度空间。1967 年瓦克斯曼为加利福尼亚市（California City）所设计的"市政厅"项目就是一例（图 9），市政厅的屋顶材料为高强度钢索构成的张拉结构，整个屋顶由钢索拉结于一个倒梯形谷地的两侧基座上，一整跨屋面下没有任何支撑物。他的大跨结构的设计被吉迪恩收录于《十年新建筑》一书。[12]

1955 年，瓦克斯曼受丹下健三邀请，在日本做了一个关于他的飞机制造车间结构的演讲，这一演讲对当时的日本年轻建筑师的影响巨大，这批日本青年建筑师成为之后新陈代谢学派的中坚。因此，无论是通用板材还是空间桁架，都是后来 1953 年的"实验性结构网络"的预演（图 10）。

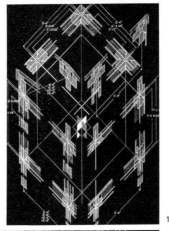

11

12

CONNECTION POINTS:
KONRAD WACHSMANN RECONSIDERED
Analytical Drawings and Models by John Enright

Exhibition Opening: August 21, 2010, 6:00pm - 9:00pm

This exhibition examines three projects by the architect Konrad Wachsmann (1901-1980), focusing on the detailed methods of assembly inherent in the work through the use of digitally derived drawings, models and animations. John Enright is an architect and principal of the firm Griffin Enright Architects in Los Angeles and an Assistant Professor at the University of Southern California. His research of Konrad Wachsmann is funded by a grant from the Advancing Scholarship in the Humanities and Social Sciences Initiative with financial support of the Office of the Provost at the University of Southern California.

Los Angeles Forum for Architecture and Urban Design
LA Forum Events @ WUHO / Woodbury Hollywood
6518 Hollywood Blvd., Los Angeles, CA 90028

Exhibition Dates: August 21st - September 25th, 2010.
Gallery Hours: Thursday - Friday, 11am - 3pm; Saturday - Sunday, 12pm - 4pm
Located between Metro redline stops: Hollywood & Vine and Hollywood & Highland. Street parking available, parking lot in the rear of the building.

www.laforum.org

13

模数与节点的终结

Module and the End of Joints

　　1950 年瓦克斯曼开始担任伊利诺伊理工大学教授。此时他对预制装配式住宅的兴趣降低，而对可无限延展的空间结构的兴趣与日俱增。1953 年，他带领伊利诺伊理工大学学生进行了一项实验性结构网络研究。这是一个取消了水平与垂直构件差别、模糊尺度、无视功能、无限复制延展的结构体。它的主体是一个四联体的螺旋形结构（图 11）。每个垂直构件由四个相同的螺旋"线"构成。四个螺旋线再分叉出去形成水平平面。由于没有描述设计条件、结构承重、构件材料等，这个结构几乎规避了所有的具体化与再解释的可能，甚至许多后人的引图都不知道该如何放置结构图的纵横方向。

　　建筑历史学家认为 1950 年代的瓦克斯曼已经受到了诺伯特·维耶纳（Norbert Wiener）的控制论（Cybernetics）与复杂科学的影响。在通信网络中，自上而下的整体-局部秩序已经不复存在，部件之间的关系并不依靠一个定义清晰的整体所规定，部件之间可以通过一定的自适应形成动态平衡。与后期建筑电讯派的克朗普顿（Dennis Crompton）的义肢式城市（Prosthetic City）不同的是，瓦克斯曼并无信息科学的学习基础，他的结构网络构件之间的相互作用也没有超出静力学的范畴。但是毫无疑问的是，瓦克斯曼试图从他的知识背景出发理解控制论所描述的信息网络世界，他的无限动态网络预示了晚期现代主义建筑学向媒介网络的转型。

1959年，在他的预制建筑实验遭受了一系列的挫折之后，瓦克斯曼撰写了《建筑的转折点》一书，此书是他对工业预制建筑永不动摇信念的宣言。在此书中，瓦克斯曼提出了一种新的节点与模数理论。这不是一个具有单一几何描述的模数。瓦克斯曼定义了不同建造"层"的模数，从材料到结构，一直到城市规划。瓦克斯曼尝试不去用几何语言来描述他的模数。他所构想的是一种包罗一切模数的"元模数"，一种能够让构件自行搭接的建造规范（图12）。

二战之后，大量的军工产业转为民用，建筑的构配件极大丰富，这时的模数已经成为协调不同的部件体系的工具。瓦克斯曼的模数系统几乎就是一种基于构件之间即时关系的动态协议。这种系统消解了传统的结构、部件与节点（连接部件）之间的层级关系。瓦克斯曼号称建造他的房屋"不需要任何测量工具"，因为"任何一块板都能根据预定义的几何关系与其他的板自动搭接"。所以，在这里没有部件与节点、个体与规则之间的区别，所有的部件同时也是连接件。规则就镌刻在部件自身的基因里面。所有的部件能够自动适应环境同其他部件搭接，甚至规则本身也是不断变化的状况的一种呈现。这种模数与相应的动态协议的内容已经远远超出了机械的力学反馈（图13）。

后瓦克斯曼时代
Post-Wachsmann Period

通用板材的破产标志了晚期现代主义和盛期现代主义的分水岭。20世纪50年代，整个建筑工业化进程进入"后瓦克斯曼"时代，而瓦克斯曼本人也不自觉的被卷入时代的洪流。在1941年到1967年间，瓦克斯曼申请了100多项专利，多数专利与实践并无关系。[13/14]这包括他在经营通用板材时申请的隔墙系统专利，这一系统的核心构造是类似中国与日本的榫卯体系的J形节点。这个节点设计与其说是工程专利，不如说是一种精巧的构造玩具。这类"玩具"在瓦克斯曼的专利申请中屡见不鲜。

1964年，瓦克斯曼进入南加利福尼亚大学（University of Southern California）任教，担任建筑研究课程主任与建筑系研究生院主任。瓦克斯曼的整个晚年在洛杉矶度过。他的思想也对洛杉矶本地的建筑师产生了影响，尤其是他担任"建筑研究课程"主任时的副手皮埃尔·库尼格（Pierre Koenig, 1925—2004）。后者的作品曾经收录于《艺术与建筑》杂志所发起的"案例住宅计划"。他对型钢结构的运用形成了一种新的住宅风格。在20世纪70年代为加州的印第安原住民定居点设计了齐美胡维部落装配式住宅（The Chemehuevi Project），这一方案影响深远但是却未曾实现。[15]

1955年，受美国政府资助，瓦克斯曼实现了移民美国后的第一次全球旅行，目的地包括他的家乡德国，但是瓦克斯曼惊奇地发现当时德国的建筑学研究气候已经转向，预制装配式建筑已经不受关注。瓦克斯曼在世界各地的巡回演讲激起了青年建筑师们对预制装配式建筑模式的兴趣，但是这一兴趣显然已经脱离了它的社会维度，青年建筑师们着迷的是那些精美的构造体系图纸，每一张图似乎都是技术美学的教科书。在比米斯的模数系统问世后的三十年，支持预制建筑的社会条件已经改变，这是一个建筑师从建造现场与社会需求抽身出来的时代。如果说瓦克斯曼的早期探索代表了当时建筑师对日益专业化、碎片化的建造知识的再整合，他的晚期探索更是一次指向信息、复杂性与交互系统的形而上思想演练。而这种思想操练才是孕育20世纪60年代新先锋主义的土壤。

预制装配式体系往往不敏感于尺度的差别。许多早期探索者来自工业制造业，建筑对他们来说只是尺度大一些的家具与机器而已。这种对尺度的漠视逐渐成为建筑工业化进程中绊脚石。类似地，虽然瓦克斯曼的思想来自德国的工艺传统，但是他却有意无意的消除建筑学中的偶然的、不确定的因素，也就是人的因素。他认为建筑学应该在工业化的过程中完成"进化"，这种进化应该从建筑的"细胞"或建筑部件开始。他认为自动化、模块化与科学实验方法是创新思维的关键内容，当代（指 20 世纪 50 年代）的美学应当向新的技术能力与知识体系做出反应。[16] 这些主张本身是合理的，但是考察瓦克斯曼的设计档案就可以发现，他的图纸从来不描述人的活动尺度与构件的关系。他对人的漠视已经使得建筑学的"进化"变成脱离真实社会需求的形式游戏。

在《人的状况与对象的状况》一文中，弗兰姆普顿引用阿伦特《人的境况》中"劳作、工作与行动"（Labor, Work and Action）的关系来说明建筑的内在公共价值。[17] "劳作"的意义只是私人的、瞬时的、重复性的，而"工作"是实现永恒的公共价值的途径，因此建筑物的一部分价值是"无用"的（不具有工具性）。随着各种机械装置逐渐融入现代建筑，由共同的"工作"而构建的公共场所也被无休止的流通空间（电梯、扶梯、公路、地铁等）所取代。从这些论述来看，致力于建筑工业化的瓦克斯曼确实是一个工具主义者，一个技术官僚，他的工作势必导致建成环境的公共价值丧失。

但是，瓦克斯曼对复杂系统的疑问却干扰了"劳作"与"工作"的定义前提。他至少在预制装配领域打开了一个潘多拉魔盒，将后工业时代的恶魔引到了当时还不知所措的公众面前。在《建筑的转折点》中他写道："（表面上的）简洁性只能由看似复杂的建造过程来实现……。在这个过程中，简单、重复性的建造原则反而创造了与表面上的简化背道而驰的结果。"[18] 在几十年以后，由于数字化设计与制造工具的不断发达，由于生产者、工具与对象之间的界限不断模糊，由于大生产的世界已经进一步发展为"赛博"（Cyborg）的世界，由于媒介与感知已经超越了功能与结构，表面上的"简洁""复杂""精细"背后的社会与技术过程已经超出了建筑史学家的认知能力，弗兰姆普敦的论断已经有了裂隙。瓦克斯曼并未盖棺定论，如何在新技术条件下对生产者的工作的内涵进行重新定义不仅牵涉到晚期现代主义建筑学的再评价，也牵涉到整个当代建筑批评学的转向[19]。

1 Stanford Anderson, "Architectural Design as a System of Research Porgrammes," *Design Studies 5*, no. 3 (July 1984): 46-50.

2 文中虽然使用了通用的"多米诺"一词，但关于"Dom·ino"体系，刘东洋老师认为更准确的翻译是"多米因诺"或者"多姆因诺"，因为"Dom"和"Ino"是"Domus"和"Innovation"（即住房创新），这是两个词不能合成一个词。

3 Inderbir Singh Riar, *Expo 67, or the Architecture of Late Modernity* (Columbia University, 2014), pp.225-239.

4 Mark Wigley, "Network Fever," *Grey Room 04* (summer 2001), pp.82-122.

5 Gilbert Herbert, *The Dream of the Factory-Made House: Walter Gropius and Konrad Wachsmann* (Cambridge, MA: MIT Press, 1984), pp.241-313.

6 Kenneth Frampton, "The Technocrats of the Pax Americana: Wachsmann and Fuller," *Casabella*, no. 542-543 (January-February 1988): 120.

7 如果未做说明，文中所有的"尺""寸"均指英制。因为英制建造体系的量度有其独特的模数意义，换算成米制则变成非整数数值，无助于读者理解其内在逻辑。

8 比米斯的模数理论影响了美国材料与试验协会（ASTM），后者在 1974 年出台了"方形建筑构件与系统的标准与尺度协调法"。模数协调可以减少非标准构件，减少现场切割，简化绘图与概预算的工作量。

9 Albert Farwell Bemis, *The Evolving House Volume III: Rational Design* (Cambridge: The Technology Press, 1936).

10 Jeffrey Head, "Rediscovering a Prefab Pioneer," *Architectural Record* (August 16, 2008).

11 Tamar Zinguer, "Toy," in *Cold War Hothouses: Inventing Postwar Culture, from Cockpit to Playboy*, edited by Beatriz Colomina, Annemarie Brennan and Jeannie Kim (New York, NY: Princeton Architectural Press, 2002), pp.43-67.

12 Sigfried Giedion, *A Decade of New Architecture* (Zurich: Girsberger, 1951).

13 瓦克斯曼的专利可以在美国专利商标局（USPTO）网站查阅。

14 Editor, "The Work of Konrad Wachsmann," *Arts and Architecture* (1967), pp.8-29.

15 齐美胡维部落装配式住宅的设计档案目前存于洛杉矶盖蒂研究所，笔者曾经对该档案做过初步研究。库尼格在构造节点设计的精确性上已经逊于瓦克斯曼的通用板材体系，但是在组成形式的多样性的探索上却胜过前者，可见整个装配体系在从欧洲大陆向美国的迁移过程中逐渐向用户体验靠拢，而对自身的逻辑完整性不再重视。

16 Wachsmann, Konrad, "Seven Theses," in *Programs and Manifestoes on 20th-century Architecture* (Cambridge, MA: MIT Press, 1970), edited by Ulrich Conrads, p.156.

17 Kenneth Frampton, "The Status of Man and the Status of His Objects," in *Labour, Work and Architecture: Collected Essays on Architecture and Design* (London and New York: Phaidon Press Limited, 2002), edited by Kenneth Frampton, pp.24-43.

18 Konrad Wachsmann, *The Turning Point of Building: Structure and Design* (New York: Reinhold Publishing Corporation, 1961), p.230.

19 本文的原稿是 2011 年笔者在美国建筑史协会年会（SAH）上所做的汇报的英文讲稿，当时在国内并无任何关于瓦克斯曼的中文文献。近年，国内已经有清华大学朱宁博士与朱竞翔教授的论文问世。本文写作过程中，由于通过国内的数据库无法查阅原始资料，虽然有同济大学博士研究生江嘉玮在耶鲁大学图书馆帮助收集文献，但是许多历史信息的查证只能通过二手资料辅助，其中许多细节难免有不确切之处。

江嘉玮

无日不工线描：
维欧莱 - 勒 - 迪克列传

Nulla Dies Sine Linea:
Vita Viollet-le-Duci Pictorem

Jiang Jiawei

* 本文最初发表于《 时代建筑 》，2017(6): 68-73，作者江嘉玮，本书收录时略有修改。

迷狂于画，首尾辉映
Upbringing in Painting and Lifelong Practice

维欧莱 - 勒 - 迪克，名门之子[1]，望族之后，成名于建筑，造极于绘画。一生奔波，凡六十五载，克勤克勉，鲜有倦怠；通晓诸类艺术，广结雅士学儒[2]，涉猎古今文明，流传等身巨著。维公自幼钟情山川，慕艺术之道而弱冠壮游；及出仕，先后效力两朝君王[3]，建筑生命同浮沉于政治生涯，直迄暮年方得重返山林。其本性外疾内柔：既为实干家，雷厉风行；亦为文人建筑师，以墨寄情。建筑画于其一生举足轻重，费尽移山之心力，遗作万幅，蔚为大观。

维公四岁习画，父与舅之影响甚深。父任职宫廷总管，兼修文学；与子互通家书，每嘱其勤访名士，遍览名作。舅曾学画于知名画家路易·大卫之画坊[4]，教导外甥画技，

并与之周游法兰西全境，考察山水草木与断壁残垣。家族设有固定沙龙，司汤达、梅里美、圣伯夫诸君均为座上宾，维公年少便已得缘结识思想名流。

纵观其年少之艺，画风颇为早熟[5]（图 1）。早熟之人，往往难逃沦为画匠，囿于"小时了了，大未必佳"之宿命。维公 22 岁启程踏访意大利，满怀踌躇学艺之志，然而于旅途之最后陷入狂躁与自我否定，濒临精神崩溃。所幸其历经自我锤炼，免此覆辙。维公未曾因循惯例以巴黎美院开启往职业建筑师之道路，而以自我游学独辟蹊径。其与巴黎美院罗马大奖之荣膺者于罗马相遇，仔细观察学院体制之绘画套路及其学生之培养历程，认定他们"已遭体制规划与安排，沿袭一模一样之刻板道路"。[6 232] 维公于早年日记里曾写道："斫路自石，此吾命哉；非与侪同，此吾途矣。"[7] 其远离体制、独自求索

之心昭然。此外，维公与美院体制之芥蒂一直延伸至其后事业之巅峰期。

维公一生笔耕不辍，于迟暮之际出版《画家之成长》一书[8]，扉页镌刻"无日不工线描"[9]。此拉丁文格言出自普林尼，形容画家勤勉，乃至每日技不离身。维公视绘画为心智兼肉体之训练，必须终生持之以恒。此书末句为："画即吾观，观可格物。"[10] 如何以线描训练双目，乃此书叙述之恒定线索；如何练就明察秋毫之目力，不泛于皮毛，直抵事物筋骨，实为维公之终极意图。广泛记录游历之见闻，旅途练画可转化为日后修复设计之参考（图 2）。维公于人生后期统合前半生之旅行、修复、著书诸事，以理性贯穿其中，以绘画为输出，洞明事物之内在结构与理路。

1. 威尼斯总督府（水彩渲染，1937年8月）
2. 厄镇教堂南侧立面修复设计（水彩，1853年）
3. 陶米娜古希腊剧场复原设计（水彩，1840年）
4. 巴黎圣母院内皇孙洗礼大典速写
   （彩色铅笔，1841年5月）
5. 皇子受洗大典时巴黎圣母院内部装饰设计
   （水彩，1856年）

1

2

1 勒-迪克的法文全名为 Eugène Emmanuel Vio-
llet-le-Duc。他的族姓为复姓：Viollet 是家族的原
初姓，词源同 violet，本意为堇菜属植物，代表花
种为紫罗兰，多分布于南法，笔者推断此为该家族
之地理来源；le Duc 在法语字面上意为"公爵"，
但并无史料显示该家族原本拥有贵族血统或因效
力于采邑而获赐姓。据勒-迪克的曾孙女热娜维芙
（Geneviève Viollet-le-Duc）对自身家谱的考证，
首位留名史册的先祖为 Denis Viollet，他于1680
年前后垄断了巴黎的干草贸易。由于路易十四在
位时骑兵强盛，饲马需大量干草，Denis Viollet 因
此大赚，他的儿子 Nicola Viollet 继承遗产后成为
了巴黎城内的新兴布尔乔亚。在摄政王奥尔良大
公菲利普二世（Philippe II Duc d'Orléans）主政
期间（1715—1723），这个家族迁入巴黎城内布
尔乔亚翘楚聚居的香瓦丽街（rue de La Chanver-
rerie，位于如今蓬皮杜艺术中心附近，已拆）。出
于提升自身社会地位等原因，Nicola 在1740年
10月与富商之女 Marie Louise Elesme 成婚后，
将 le Duc 这个词加到了自己原姓之后，并在1741
年12月通过向法兰西家族纹章监理会订制新式纹
章来巩固这个新造的家族姓"Viollet le Duc"。奥
尔良大公菲利普二世崇尚文学和艺术，其摄政期
间巴黎城内的新兴布尔乔亚逐渐沉浸于此风气，
勒-迪克家族在路易王朝后期深受此影响，并将其
延续至大革命后的子孙。

2 勒-迪克长大后，从这些在年幼时到访他家的文人
豪客里大致获得以下思想渊源及社会交往：①与
梅里美（Prosper Mérimée）成为终身密友，由
于梅里美出任文物建筑委员会的总督导，曾力荐
勒-迪克担任众多重大修复项目的负责建筑师；②
与雨果（Victor Hugo）有交往，受其政治立场影
响；③从维蒂（Ludovic Vitet）手里获得不少法国
境内文物建筑的调研资料，并借鉴过维蒂关于哥
特时代大教堂的兴建对应于法兰西市民阶层兴起
的观点；④从建筑师维涅尔（Félix de Verneilh）
那里得到关于哥特教堂结构起源的研究资料，
并吸收进早期发表在《考古学年鉴》（Annales

archéologiques）杂志上的文章里；⑤勒 - 迪克 17 岁时进入建筑师列科勒尔（Achille Leclère）的工坊当学徒，而列科尔尔正是他父亲经常邀请的客人，并且勒 - 迪克在 1839 年获得提名修复维孜莱教堂时就得到了列科勒尔的举荐。

3 这两朝君王分别指路易 - 菲利普一世（Louis-Philippe I）与拿破仑三世（Napoléon III），勒 - 迪克都曾得到他们的赏识，尤其是后者。勒 - 迪克从 19 世纪 50 年代起成为拿破仑三世的御用设计师，这对他职业生涯起到决定性的推动作用。勒 - 迪克与奥斯曼男爵堪比拿破仑三世分别在建筑修复与城市改造上的左臂右膀。借由这一层君臣关系理解勒 - 迪克后半生的事业，能发现他《11 到 16 世纪法兰西建筑类典》（*Dictionnaire raisonné de l'architecture française du XIe au XVIe siècle*）在 1854 年的出版很可能是为了献给拿破仑三世。也就是说，他从 19 世纪 50 年代初开始的修复理念和手法、史学研究、设计品位都不可避免地与法兰西第二帝国的政治运作发生牵连。

4 舅舅德拉克吕兹（Etienne Jean Delécluze）在大卫（Jacques-Louis David）的画坊里学习。德拉克吕兹一生未婚，或许因为如此，他将对后代的教育精力都投放到了两个外甥身上，尤其对勒 - 迪克寄予厚望。他对勒 - 迪克从小学画就要求严格，不容偷懒懈怠，并亲自为其挑选支持共和体制、反对教会的学校。当勒 - 迪克开始意大利之旅后，德拉克吕兹依旧经常去信指点他去参观著名建筑和博物馆。不过，舅舅的严加管教也曾让勒 - 迪克感到不自由，这也间接导致他 1837 年在意大利时不断反思自身被强加过的教育。

5 在截至目前很多研究勒 - 迪克的法语文献里，关于其少年时代的描述经常会出现这样的话："他相当早熟。"（Viollet-le-Duc fut beaucoup plus précoce.）这种早熟体现在画作、文字及思想状态上。由于父亲任职宫廷总管的关系，路易 - 菲利普一世曾看过勒 - 迪克少年时的画作，赞叹不已，特例允许勒 - 迪克在宫廷重要事件举办时在旁写生。种种史料表明，勒 - 迪克尽管没有按照家人的建议

走"入读巴黎美院 - 考取罗马大奖 - 接受罗马熏陶 - 返回巴黎开业"这样的建筑师惯例成长道路，他依旧依靠天资及家庭背景完成了当时一名卓越建筑师所必经的历练。

6 Eugène-Emmanuel Viollet-le-Duc, edited by Geneviève Viollet Le Duc. Lettres d'Italie, 1836-1837: adressées à sa famille[M]. Paris: L. Laget, 1971.

7 法语原文为 Je crois qu'il est dans ma destinée de tailler mon chemin dans le roc; car je ne pourrais suivre celui pratiqué par les autres，出处为 Viollet-le-Duc, Diary Entry, January 2, 1832, LVLD, p.100，转引自 Martin Bressani（2014）第 38 页第 29 注释。没有人一出生就是圣人。勒 - 迪克在意大利之旅最后时的精神崩溃，一部分原因是他幼年时高强度的训练与离开故土后的彷徨夹杂为一体，使他内心纠扎；另一部分原因是他在罗马时不得不将自己与巴黎美院的罗马大奖学生作比。我们读得出这句话里反映出的一个青年的内心挣扎。

8 Gombrich, E. H., with Jill Tilden. "Viollet-le-Duc's Histoire d'un dessinateur." in Discovering Child Art: Essays on Childhood, Primitivism and Modernism[M], edited by Jonathan Tineberg. Princeton: Princeton University Press, 1998: 27-39.

9 书名请见 Viollet-le-Duc. Histoire d'un dessinateur [M]. Paris: J.Hetzel, 1879. 必须注意，dessiner 这个法语动词的准确意思是"素描，绘制线图"，不包括油画，所以勒 - 迪克所书写的"画家"专指以线描见长的人。水彩是很适合与线描配合的，渲染也是当时所有开业建筑师出图的必备技能，所以勒 - 迪克一生都钟情水彩加墨线。另，引言的拉丁原文为 nulla dies sine linea。

10 法语原文为 Dessiner c'est voir; et voir c'est savoir。勒 - 迪克将这句话放在全书末尾，表明他对绘画（尤其是线描）的态度——依靠对线条的训练，方可明白如何观察外物，进而理解万物。此外，对绘

画的制约性应当作出慎思，也就是说，画家需提防被作画之套路牵着鼻子走。勒 - 迪克这些良言忠告，大多含蓄地指向了巴黎美院体制。

11 勒 - 迪克很熟悉这四类画种，但各有侧重：素描，尤其是简单的线稿，由于绘画便捷，被他大量使用于现场记录、测绘报告乃至日记、书信中，快速记录现场观测结果或者表达想法；水彩及水彩渲染是勒 - 迪克传世的成品作品中使用得最多的画种，出现在他大量绘制的正式的建筑测绘图、修复表现图里，既能呈送上级审批，又能与建筑师同行比划，还能作为教学示范图演示给学生；油画是勒 - 迪克幼年习画时必经的训练课，但由于其从构思到制作均务费工，他在繁忙的职业生涯里并不太涉足油画；勒 - 迪克非常倚重木刻版画，因为他大量出版关于建筑史与理论、家具饰物、山脉地景等著作，所绘画纸均交付与木刻刊印。笼统而看，他一生创作了上万幅画，尽管每幅画消耗时间不相同，但这无疑是巨大的精神与体力投入。例如，按照当时制作木刻版画的惯例，作者只需在纸稿上绘好形体线条，阴影及明暗调子由雕版师完成，但勒 - 迪克为了控制图的质量，居然耗费工夫自行排线上调。

12 阿尔伯蒂的拉丁原词为 lineamenta，据里克沃特（Josef Rykwert）在其英译本中的特别提醒，阿尔伯蒂用的这个词不能等同于前人所谓的"轮廓"。阿尔伯蒂在《十书》第一书谈的就是线构，特指区分于任何物质形态、只存在于设计师脑海的基于线条之上的各式想法，由此再转化成具体的设计。勒 - 迪克对线条的钟情却是源自相信眼睛通过线条能最大化地"格物"——即抽象、解剖观察对象，把握其经纬脉络。勒 - 迪克经常站在地面上观测建筑物，却能绘出鸟瞰式的拆解图。

13 江嘉玮. 从沃尔夫林到埃森曼的形式分析法演变 [J]. 时代建筑:2017(3), 60-69.

行旅寄情，古迹熏陶

Grand Tour and Discovery of Patrimony

画之论，必不离体裁及技法。维公毕生涉猎之绘画体裁包含素描、水彩、油画、木刻[11]，其最为推崇之作画技法为dessin，即线描。线描者，以线条摹貌状物、求形索态是也。线描为以上四类画种之创作基础，与阿尔伯蒂"线构"[12]于技法层面同出一源，区分于涂绘。[13 68]通览维公传世之作，其最为精通之体裁乃墨线配合水彩渲染，大量出现于考古复原、建筑修复、施工做法等图纸中。所谓人中巨擘，必不掣肘于体裁，亦不见绌于技法。维公于诸法间周转自如，得心应手，以高效著称，为自身进一步赢来项目。

维公于旅途中对西西里岛的陶米娜古希腊剧场的复原画，标志其绘画及建筑造诣自青涩迈向成熟（图3）。[14 112-127]作为1840年巴黎画展沙龙之得意之作，维公未局限于复原遗址，而以恢弘之山峦远景烘托希腊式精神面貌。时值十九世纪欧洲建筑艺术界"多

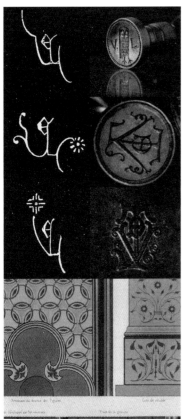

6

装饰艺术，演绎自然
Decorative Art and Naturalism

彩色调之辩"[15]，维公之复原画为古希腊建筑之真实色彩提供一则范例，并以高妙之地景塑造能力开启其职业生涯对建筑画氛围之表达。1837年秋，意大利之旅甫一结束，维公旋即宣称自我之建筑训练完成，开始从业，与美院体制分庭抗礼。维公持有法国画家式的场景捕捉力（图4），于日后皮埃尔丰城堡、卡尔卡松城堡之修复项目上均将建筑融入地景。诚然，建筑画之氛围，未必成为建筑之真实氛围；从画到实践，正如再现之于实体，依旧相隔一重世界。建筑师之画作较之于画家，未必以意为先，然而意境与氛围必定令作品增色。维公日后修复方案[16]呈现之磅礴气度，无不与此相关。

1856年冬，拿破仑三世定于巴黎圣母院内举行皇子受洗大典，授意维公张罗装潢、仪轨之事，后者欣然操办（图5）。维公视装饰为二类：一为固定之装饰，置于建筑合宜之位；二为临时附着之装饰，藉庆典之机布施。[17]平心而论，维公于装饰艺术之热衷，未必弱于后世标榜其之结构理性。中世纪哥特券柱之颜色，分若干彩线，自柱础升至拱顶，缤纷而雍容，俨然而有序。历经数世纪之时光磨耗及多次劫难后，大多色彩均已褪去，遂教堂内逐步裸露砖石之筋骨。维公自少年起即倾心宏伟建筑内部之装饰，意大利之旅曾大量描绘拱券彩绘。当今学界凡谈论结构理性必言及维公，虽未有纰误，然莫得真相。

维公毕生迷恋其族姓 Viollet-le-Duc，于装饰艺术上多有演绎。"V、L、D"三字母可组合多重纹样[18]，与法兰西王室之纹章

14 Stiftung Bibliothek Werner Oechslin. Eugene Emmanuel Viollet-le-Duc: Internationales Kolloquium[M]. Zürich: Gta; Berlin: Gebr. Mann, 2010.

15 法英德等国的考古及艺术史学者从十八世纪起就接连考察并尝试复原陶米娜古希腊剧场（Teatro antico di Taormina），勒 - 迪克的画只是众多复原中的一次尝试。重要的是，这次复原间接回应了古希腊与古罗马建筑的多彩色调学术争论（débat sur la polychromie）。勒 - 迪克从这次争论开始关注并研究从古希腊古罗马到中世纪的建筑物内部色彩，这属于装饰艺术的范畴，从这个侧面能看出为何勒 - 迪克也一直钟情装饰艺术。另外请见法国建筑史学家迪鲍（Estelle Thibault）2014 年 9 月在巴黎夏约遗产保护城的讲座《森佩尔与织物艺术之多彩色调：1851 年伦敦世博会之启示》（Gottfried Semper, de la polychromie aux arts textiles. Les leçons de l'Exposition universelle de Londres, 1851），她提到巴黎美院建筑师伊多夫（Jacques Ignace Hittorff）将对希腊神庙的多彩色调研究成果用到了自己在 19 世纪的建筑创作上。

16 勒 - 迪克胜任法兰西全境众多修复项目主持建筑师的关键因素有三：①自身建筑师素养过硬，向上奏报方案能绘制精美图录，向下驻场工地亦能震慑工人；②办事雷厉风行，效率极高；③与梅里美、维蒂等形成圈子，互有提携，多有切磋。比如，关于勒 - 迪克修复维孜莱教堂的个案分析，参见 Murphy, Kevin. Memory and modernity : Viollet-le-Duc at Vézelay[M]. University Park, PA.: Pennsylvania State University Press, 2000, 此书在结论处很重要的一个观点是，勒 - 迪克在维孜莱教堂的经历平衡了国家性修复、历史语境、个人的真才实干三个方面，而这个三方天平在他 1848 年后的修复项目里开始倒向国家身份的塑造与为君王服务。

17 详见《建筑类典》第 5 卷的"装饰"（décoration）词条（p.26）。纵观勒 - 迪克一生，他设计过大量的装饰艺术品，从建筑构件到家具器皿全都涉足，在他另一部六卷本的辞典《从加洛林王朝到文艺复兴的法兰西家具及饰物类典》（Dictionnaire raisonné du mobilier français de l'époque carlovingienne à la renaissance）里有大量的图幅记载。

18 勒 - 迪克在他前半段人生里曾不断改变着自己名字的拼法。这个家族的姓，追溯至 18 世纪上半叶的法国国家档案，能发现是分开的三个词"Viollet le Duc"。勒 - 迪克在青年时代，包括在他意大利之旅的书信中，开始使用"Viollet Le Duc"这样的拼法。从 1840 年左右获得一连串政府委托文物修复项目开始，他在公函及上将首次加入连字符，写成"Viollet-Le Duc"。后来，从 1854 年起系统地出版《11 到 16 世纪法兰西建筑类典》等著作时，勒 - 迪克在书籍扉页上落款姓正式成型为"Viollet-le-Duc"，这才成为后人在其殁后对其正式之称呼。勒 - 迪克对"V、L、D"这三个字母所作的造型演绎包括：先知之眼（见图 6）、坐标系标记、对称的花瓣纹样等。

19 丢勒（Albrecht Dürer）在画作上署名时都是取自身姓与名之缩写A与D，附上年份，俨然隐喻基督。尤其在其完成于1500年的名作油画《自画像》中，丢勒将基督绘成了自身的容貌，旁附1500AD。尽管提香、凡·艾克、伦勃朗等名家也常见将自身容貌特征加入基督画像中，但如此巧妙且直接的隐喻当推丢勒为首。

20 Laurence de Finance, Jean-Michel Leniaud(eds.). Viollet-le-Duc: les visions d'un architecte[M]. Paris: Editions Norma, 2014.

21 Bercé, Françoise. Viollet-le-Duc[M]. Paris: Editions du Patrimoine, 2014.

22 使徒圣多默（Saint Thomas）为耶稣的十二宗徒之一，被称为"多疑的多默"，因其建筑师的背景而成为建筑师的主保。从巴黎圣母院塔楼的十二宗徒像里选择圣多默雕出勒-迪克的容貌，显然是致敬其修复功绩。圣若瑟（Saint Joseph）为圣母玛利亚的丈夫、耶稣的养父，其在世时为木匠，封圣后成为劳动者及工会的主保，将勒-迪克容貌刻于其上则隐晦地歌颂了其作为实践型"大匠师"（Baumeister）的功绩。

23 范德维尔德曾说过："线条带着其绘制者之力量与能量。"这显示出一种移情论的视野。显然，从勒-迪克到莫里斯的这段时期里，对线条的热衷尚且只是钟情于此类再现自然物的体裁，而从形式追逐情感则只属于新艺术运动以来的产物。

24 "装饰"（decor）与"得体"（decorum）二词有共同词根。"装饰与得体二词都意味着某种恰当与合宜，前者更常见于伦理层面，而后者更常见于美学层面。"
（引自 J. J. Pollitt. The Ancient View of Greek Art: Criticism, history, and Terminology[M]. New Haven: Yale University Press, 1974, 343）
从古典修辞学的角度看，这两个词还涉及面向公众领域的言说，即言辞之"装饰"令表述更为"得体"。

25 江嘉玮. 夏约院史：法国遗产保护的过去和当下[J]. 时代建筑: 2016(5), 154.

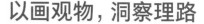

以画观物，洞察理路

Observing through
Drawing towards a total
demand of Structure

8

不谋而合（图6），此番迷恋，堪比丢勒[19]。此外，在其得意之修复作品内，亦雕刻有其容貌：巴黎圣母院（Notre-Dame de Paris）中心尖塔基座之使徒圣多默像[20 54]、皮埃尔丰堡小圣堂（La Chapelle du Chateau de Pierrefonds）门心柱之朝圣者像[21 120-121]、克莱蒙圣母院（Notre-Dame de Clermout）北侧廊之圣若瑟像。[22]

维公身后十余载，欧洲新兴新艺术运动奉装饰艺术为最高之艺术门类，伴随喻像艺术之衰微。虽维公之装饰画作仍存有大量喻像艺术之母题，然传至霍尔塔（Victor Horta）、范德维尔德（Henry van de Velde）及沙利文（Louis Sullivan），大多仅存无寓意之自然物，如花草之卷叶。装饰艺术与新兴之移情理论[23]相结合，线条开始愈加凝聚起情感，塑造有别于维公时代之新式自然观。

装饰乃古之"得体"[24]。若并置维公所绘之典型剖面图与巴黎美院建筑师之剖面图，两者并无二致，均将结构部分留白（图7）。美院之所以留白结构，旨在将结构及构造置诸院外之实践工坊以处理之，以便学生专注美学及装饰之事。维公对此并无异议，但质疑美院学生整合院内院外之能力。正因历经多年训练，维公之整合力远胜一般建筑师，对装饰把握得微妙得当，对结构则处理得精准到位。

1863年，恰逢获得上级委派于巴黎美院体制内推行改革，维公特地绘制系列图解用作教学（图8），配合其"艺术史适用之美学"课程。但维公之教学改革[25]遭遇巴黎美院学生之抵制。[26]无论改革成果如何，维公以画溯源历史建筑本质之教学理念可见一斑。此幅卡拉卡拉浴场之复原图颇显几分英格兰建筑师索恩爵士设计的英格兰银行之

9. 皮埃尔丰城堡修复设计

　　（水彩，1858 年）

10. 卡尔卡松城堡修复前测绘图与修复方案

　　（水彩，1853 年）

[26] 关于勒-迪克在美院主持教学改革的背景，参见笔者的书评《夏约院史：法国遗产保护的过去和当下》。自此课堂起哄事件后，好友梅里美在给勒-迪克的信里写道："吾闻君已从美院辞职，料君必为此深感苦恼……吾已年迈，君尚且年青有为，切莫轻言放弃。"（见 Prosper Mérimée, edited by Françoise Bercé. La correspondance Mérimée - Viollet-le-Duc[M]. Paris: Editions du C.T.H.S., 2001: 150）值得注意的一点是，以前曾与梅里美、勒-迪克处于同一阵线的维蒂却因为政治立场而对这次美院改革持否定态度，对此他与勒-迪克曾有过一段关于改革的公开争论。详见 Viollet-le-Duc, Réponse à M.Vitet, à propos de l'enseignement des arts du dessin, 1864。

[27] 索恩（Sir John Soane）的设计给 18 世纪英国建筑界注入一股清风。这幅画是由索恩的助手甘迪（Joseph Michael Gandy）于 1830 年绘制的。勒-迪克虽未曾如皮拉内西、勒罗伊（Julien-David Le Roy）、拉斯金那般痴迷废墟之崇高意境，但从废墟美学里获益良多。

[28] 关于对勒-迪克从结构理性理论到风格修复的误用，目前中文学界最新且比较全面的文章有陆地、肖鹤著《哥特建筑的"结构理性"及其在遗产保护中的误用》，援引了前人论点，质疑"哥特建筑的结构是否像维奥莱所说的如此结构理性"（第 43 页）。本处姑且借用班纳姆在《第一机械时代的理论与设计》（Banham, Reyner. Theory and Design in the First Machine[M]. New York: Praeger, 1960: 31）里的评述："阿布拉罕（Pol Abraham）在 1933 年于巴黎出版了《勒-迪克与中世纪理性主义》（Viollet-le-Duc et le Rationalisme Médiéval）一书。首先，他在书里对勒-迪克摧毁式的批判做得过分了，且被后人脱离语境地盲目援引；其次，中世纪建造者或许真的是坚信拱肋支撑起拱面。我认为这两点是确凿的。不过尽管如此，阿布拉罕关于结构冗余的表述依旧非常有说服力，它说清楚了在现存的哥特建筑里，石头在绝大多数情况下都不会到达受力极限。"班纳姆一针见血，公允地指出了勒-迪克结构理性的"误读"与"被误读"。本文全篇都在有意无意地表明，勒-迪克一生绝非只留下所谓"结构理性"理论，甚至可以说，这只是他庞大思想体系中的其中一方面。况且，"结构理性"还常被混同于"结构合理性"，这对当下史学研究无甚裨益。如今中文学界若想从勒-迪克思想里吸取更多养分，以笔者之见，必须摈弃将"结构理性"之标签继续贴于其上，唯有结合原著精读（字词释义、建立理论系谱）与深入的个人史研究，方可得其真正要义。

[29] 陆地，肖鹤. 哥特建筑的"结构理性"及其在遗产保护中的误用 [J]. 建筑师，2016,(02): 40-47.

任职宫廷，倾力修复
Royal Functionary and Restorations

9

10

残垣断壁图之味道。[27] 索恩构想银行于久远之未来坍塌为废墟，正如"后之视今，亦如今之视昔"。维公画作将罗马浴场从装饰层至结构层逐一剥开，亦展现其从未有过之景象，正得益于对废墟之想象，并结合建造者之视角。

　　维公于后世频繁被攻讦为"风格修复"之始作俑者[28]，其自身虽难辞其咎，然学界若不深究其政治立场及理论意图，则无异于隔靴搔痒。[29][46] 自法兰西第二帝国伊始，维公曾任职主教区建筑总督导，以监察之名造访全法兰西天主教辖区，测绘文物，监察修复项目。见证拿破仑三世与维公君臣之谊者，莫过于皮埃尔丰城堡之修复。限于资金，拿破仑三世最初并未打算修复整座

扭曲造型，历史想象

Caricatural Figures and Historical Imagination

11

12

城堡，而令维公修复主塔部分，作为未来行宫；城堡另一侧保持其残垣断壁，于趣味上亦符合时兴"如画"之景（图 9）。源自英格兰之废墟美学与崇高之境依旧于维公思维版图里占一席之地。及后，君王决定全部修复，维公因此获得自主设计之机会，并发挥至极致。[30]

较之拉斯金，诗如画之传统于维公一生未尝弱于如画理论[31]，加之法兰西式实证主义对怀缅情愫之抗拒，维公之画作甚少表现对断壁残垣之怀慕。如若描绘废墟，大多仅限于现场记录（图 10），无意以之为题。维公自幼熟谙古典艺术之各式修辞，此外家庭沙龙之访客大多曾受圣西门学说影响，故乌托邦之思想难免渗入其心。[32]

除却法兰西之精神浸润，维公之理论及实践兼有德意志之浪漫主义倾向，加之英格兰之经验主义。若言维公之实践乃"想象性修复"[33]，与其斥责之，不如从其海量修复设计中寻找想象力。维公大肆发挥其艺术才华之处，在于顺应历史建筑内前人多加以想象之部位，比如各式兽类。此外，有一点甚为有趣：漫画于当时法国报刊的政论与社论版块中甚为流行，而维公自身亦钟情以漫画绘人物肖像。在意大利旅途中，他手稿里的速写就经常描画漫画般的人像。在这幅自画像中，维公手持圣母院之模型，人与模型均被局部扭曲，带来诙谐之感（图 11）。此思维被平移至修复项目的雕塑设计里（图 12）。

修复者之视野何为？倘以维公"活泼"之塑像相比于其"羁直"之理性修复，判若两态，乃难以置信出自同一人之手。此足可证明维公思想体系之广博，其绘画及设计

辗转工地，如临戏台

Switching among Construction Sites as if Theatrical Performance

之母题虽迥异，实可归于同源。事物之一切条理必源自观察，绘画乃目之所察于手之生发；目观之愈历，手摹之愈真。若闭目以画，诉诸想象，则所绘之物距其真渐远。所谓设计，不外乎游走张目与闭目之间。

维公于各处修复工地甚为勤勉，舟车劳顿，披星戴月；青睐于夜色中乘坐火车，将时间腾予白昼之工作。铁路于 19 世纪中叶之欧洲尚属新生事物。维公自"心脏"巴黎驶往法兰西全境，仿佛第二帝国之建筑使臣，遍访旧域诸邦；每一来一往，均宛如动脉出血而静脉回血，供养帝国之躯干与雄心。维公辞世前曾立嘱筹建比较雕塑博物馆[34]，命学生于各地文物现场制模并运回巴黎统一保存与展出。[35][23] 近三十年考察间，

30 皮埃尔丰城堡内最能集中体现勒 - 迪克受君王眷顾、设计功力、历史素养三大方面的地方是英雌厅（la salle des preuses）。勒 - 迪克设计的简拱状天花于侧面开高窗引入阳光，木地板让光线柔和漫射；壁炉上方的九位英雌雕像比喻九位缪斯，皇后欧也妮的容貌被雕刻于正中间的英雌上，整组雕塑雍容华贵。英雌厅还展示了拿破仑三世收藏的甲胄兵刃，并用作皇室宴会大厅。

31 关于这两种理论传统，请见《时代建筑》2017 年第 6 期刊登的文章《诗如画，如画与约翰·拉斯金》（约翰·迪克逊·亨特著）。若将亨特教授笔下的拉斯金与勒 - 迪克对比，两人在成长的某阶段有着类似的心路历程，成熟后对废墟的认知及表现画却大相径庭。对比本文图 10 与《诗如画》一文的图 7 可知，拉斯金喜欢画废墟的残片，迷恋"破"之中的震慑人心的力量；而勒 - 迪克即使在年少学画时，对废墟的描绘也不会带有像拉斯金这般破碎的视角。

32 柯林·罗（Colin Rowe）在《拼贴城市》（Collage City）中曾说："圣西门的门徒逐渐摒弃他们领袖的学说中不那么实用主义的一面；他们倾向于成为法兰西第二帝国的企业家。"（英文原版第 22 页）所言中肯。勒 - 迪克正就是这么一位在法兰西第二帝国任职高位的建筑师加实干家。这在下文论及勒 - 迪克与雨果的政治立场差异时还会再遇到。

33 注意本文双引号内的"想象"二字，与"虚构、妄想"等统统无关，因为其修复设计的基础是广阔的实地调研与史书查证。勒 - 迪克的想象性修复大致可分为三类：第一类是由于实在缺乏史料，待修复部分完全没有参考，他不得不根据手上掌握的历史知识，重新做设计；第二类是历史建筑之旧有部分存在危险（比如扶壁因残损可能坍塌）导致需要大修，他很可能采用移除旧有部分而新建的策略；第三类，由于他希望将历史建筑修复到"一种或许从古至今从未曾有过的圆满状态"（un état complet qui peut n'avoir jamais existé à un moment donné），可能拆除某些不存在危险、但在他看来违背了该状态的部位，替换为按照他的

历史观而应该呈现的样式。在研究勒 - 迪克的想象性修复策略时，很有必要仔细区分这三类态度。

34 指成立于托卡德罗宫（今巴黎夏约宫）的比较雕塑博物馆（le musée de Sculpture comparée du Trocadéro）。德蒙克洛（Jean-Marie Pérouse de Montclos）曾谈到它的成立："从 1887 年起，勒 - 迪克的学生德鲍多（Anatole de Baudot）在比较雕塑博物馆开始讲授中世纪及文艺复兴的法兰西建筑。毫无疑问，倘若勒 - 迪克要不是在 1879 年去世，这项教学本来是要委托给他的。勒 - 迪克借着 1878 年巴黎世界博览会的机会创立了托卡德罗宫博物馆，它明显带有他建立遗产保护行业规范教学的意图。"（见参考文献的 L'école de Chaillot : une aventure des savoirs et des pratiques 一书）

35 Florence Contenay, Benjamin Mouton, Jean-Marie Pérouse de Montclos(eds.). L'école de Chaillot: une aventure des savoirs et des pratiques[M]. Paris: Cendres, 2012.

36 从勒 - 迪克职业生涯的第一个项目到最后一个项目，即从 1839 年开始修复维孜莱教堂到 1874 年被委托厄镇（Eu）城堡修复项目，他在 35 年内经手过上百个项目，散布全国各处，几乎每个月都四处奔走。他在每一处工地都设立办事处，委派当地建筑师或从巴黎调来的建筑师长期驻守，与自己保持通信，以便控制工程进度。

[37] Bressani, Martin. Architecture and the Historical Imagination: Eugène Emmanuel Viollet-le-Duc, 1814—1879[M]. Farnham: Ashgate, 2014.

[38] 见笔者的文章《何谓理性：维欧莱－勒-迪克与＜建筑类典＞》（发表于 Der Zug 杂志第 4 期）。关于第戎圣母院的结构细节："那干净利落的线条呼应着石材被精致砍斫而成的表面以及轮廓，被拆解开的构件共同营造了一首三维空间里的材料奏鸣曲。一座古老哥特教堂中的石头部件被勒-迪克的线图赋予了生命，那些精致而纤细的构件本来互相咬合，传递着力流，现在却以一种魔幻的空间关系隔离开。这种线图试图重塑构件之间的关系，区别于它们紧密相接的状态。精致的实物构件关系是建造者的理性，精致的图解则是史学家的理性。勒-迪克在画法几何的基础上将线图敲骨吸髓，藉以阐释结构理性。"

[39] 将勒-迪克与拉斯金进行对比是能带来洞见的研究课题。参见佩夫斯纳（Nikolaus Pevsner）《拉斯金与维欧莱－勒-迪克：哥特建筑鉴赏中的英国性与法国性》一文（网址：https://book.douban.com/review/6526233/）。佩夫斯纳说："拉斯金是一位演讲家与作家，勒-迪克则是一名实干者，也是建筑师、修复者……勒-迪克有能力成为一名作家，但不太有灵气。在绘画上讲，情况基本一样。拉斯金的画总是令人愉悦、显得睿智，勒-迪克的画则极能表达其所思，但却难有突破。"笔者认同佩夫斯纳所言基本上是事实，然而其评价之出发点为纯艺术角度。勒-迪克这些线图储蓄起来的能量，唯有碰到实践型建筑师对建成物的思维火花，方可绚烂爆发。此外，理性与内敛通常会配对呈现，感性与狷狂则多为相生伴侣——对比研究两人的性格、行径与成就，对建筑师的个体史研究很有帮助。

[40] 引自皮孔（Antoine Picon）的《萦绕之理性主义：关于勒-迪克结构思考之札记》（*Un rationalisme hanté: notes sur la pensée structurelle de Viollet-le-Duc*）一文。皮孔重新评估了勒-迪克的结构理性主义："若言，勒-迪克远非带有原创性地认

为建筑从来就只可能是自然界经由其他途径之延续，确实如此——因为在他之前的辛克尔就已深信如此；但是，勒-迪克的慧眼在于他独创地看出来，在这种延续之中，结构之组成方式是至关重要的。"（Viollet-le-Duc: les visions d'un architecte 一书第 102 页）

[41] 在《建筑类典》第 8 卷的"论风格"词条一开篇，勒-迪克就写道："既有风格，亦有样式。"（Il y a le style, il y a les styles.）正因为将风格区分于样式，所以在他看来，古往今来最后能成为"风格"的无非也就是这些：古希腊、古罗马、拜占庭、罗曼、哥特。

[42] 法语原文为 Qu'est-ce donc que le style? C'est, dans une œuvre d'art, la manifestation d'un idéal établi sur un principe，出自"论风格"词条一开篇。

勒-迪克对风格的这个定义，也就离开了艺术史惯常给出的概念，比如"风格是艺术品或人造物身上具有的可被辨识、可予归纳的稳定的特性"，从而走向了实体特征背后的理念。

[43] 勒-迪克在绪言一开篇出言豪壮："在这片冰雪覆盖的高原上，在植被统统消失、偶尔出现动物的峰顶，自然界分秒不停地运作。"

[44] 雨果对拿破仑三世登基的不满源自其认为后者背叛共和并暴力镇压反抗，雨果因此被迫流亡海外。但与此同时，勒-迪克在拿破仑三世的政府里平步青云，通过国家性修复项目青史留名。

[45] 法语原文为 Vieux cheval, je sais bien que je mourrai sous le harnais, mais au fond cela m'est bien égal, et il y a longtemps que je considère la mort comme le seul et vrai repos。"驹儿"（vieux cheval）是勒-迪克在晚年对妻子的昵称。

[46] Blanchard-Dignac, Denis. Viollet-le-Duc: la passion de l'architecture[M]. Bordeaux: Éditions Sud Ouest, 2014.

[47] 法语原文为 Le bon goût consiste à savoir vivre et mourir simplement。勒-迪克在 1879 年 9 月 17 日因出血性紫癜在瑞士洛桑家中辞世。

结构理性，师法事理

Structural Rationalism towards Eternal Laws of Things

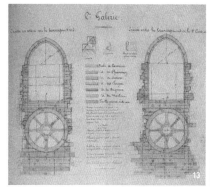
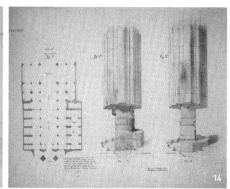

维公辑录第一手素材，写成《建筑类典》与《家具及饰物类典》。其天生以工地为戏台，以建造为表演，同一时间于法兰西各地上演拿手好戏。[36] 维公绘制大量直接服务于工程的图纸（图13、图14），其精美程度不亚于呈送上级批阅之方案设计图纸。

密集造访如此瑰丽之建筑遗产现场，非凡人所能为之。维公频繁周转于各处文物史迹，修缮之余尚且编史著书，自然不会不将众多案例互相比对、探明异同。此法乃沿袭兴起自18世纪之比较学。何谓比较学之思维？取类比象、剖同求构是也。维公从生物学家居维叶之比较解剖学中获益良多，其建筑结构及构造之拆解图（图15、图16）直接仿照了生物学之解剖图。[37 277-295]

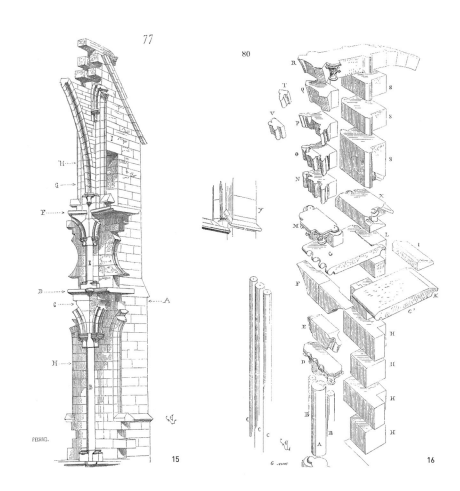

理想形式，抽象自然
Ideal Form and Abstracted Nature

17

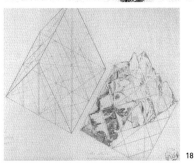

18

此类拆解图画藏纳理型与法则于线条之中。[38] 图画线条朴素却内藏张力，若与拉斯金之画相比较，各有千秋。[39] 若从二人画作深究其各自思维中对理型与法则之认知差异，后世学人或许发问：结构理性与装饰艺术何生龃龉？若言结构理性被指摘为空谈原则，此可谓格物致知未及悦耳悦目乎？若言装饰艺术被批驳为流于形式，此又可谓心之洞明褫夺目之通感乎？诚然，结构理性与装饰艺术于观察、表现事物之途径均差异巨大，维公却于其画作中尽力将二者统筹于对艺术品本质之表达。

1870 年第二帝国解体后，维公失望于政治，故从巴黎迁居洛桑，踏访阿尔卑斯山脉。地貌晶体之变迁令其大感兴趣，并逐步研究。维公关于建筑发源于自然界之观点并非原创；[40] 不过，有别于德昆西之自然模仿论，他认定结构之组成方式才是从自然到建筑的法则。主教座堂作为维公所钟情的艺术成就最高之哥特建筑，其笔下描绘之理型，俨然代表最高成就之哥特之风格（图 17）。[41]"何谓风格？艺术品之风格乃表征立于法则之理型"。[42] 依维公观点，无理念统摄之实体不能称为带有风格，故维公之"风格论"乃对理型之终极追寻。此追寻乃人事，若回望浩瀚天地，唯一可与之比肩者乃"永恒之磐石及其演化"（图 18）。

归隐山峦，长眠尘土

Repose to Nature in Peace

19

20

维公于 1876 年出版《勃朗峰》一书，详述自身对自然界伟大之力的研究并表达倾慕之情。[43] 终究于耳顺之年重获山林之乐，在阿尔卑斯山的绘画令维公重温童年的旅行时光，这幅描绘日食的地景画隐喻其生命之回光返照（图 19）。

1879 年 5 月，维公最后一次拜访雨果。故人分踞长桌两端，落座之际，雨果言道："彼年，卿与吾分道扬镳。"[44] 塞纳河水汤汤，勃朗峰脊茫茫；白首苍苍回望一生，潸然泪下。同年八月末，维公写信与妻："驹儿，吾将拼力至死；最终尘亦归尘，土亦归土。于吾而言，死亡已成唯一而真正之长眠。"[45/46 289] 9 月，维公嘱咐后人于己墓碑上镌刻八字："安知天命，从容生死。"[47] 辞世前几天，维公提笔作临终遗画，宛如天鹅之歌，消散于一片苍茫（图 20）。归笔墓侧，长眠皑皑白雪之巅。

参考文献

References

巴拉干自宅与个体生活之建构

1——Daniel Garza Usabiaga, Juan Palomar, Alfonso Alfaro. Luis Barragán: His House[M]. Barcelona: RM Press, 2011.

2——Federica Zanco, Marguerite Shore, Lynda Klich. Inward Outward: Barragán in Transition[J]. The Journal of Decorative and Propaganda Arts, Vol. 26, Mexico (2010): 180-205.

3——Raul Rispa. Barragan: The Complete Works[M]. London: Thames & Hudson Ltd, 1996.

4——Antonio Toca, J. M.Buendía. Barragán: The Complete Works[M]. Princeton: Princeton Architectural Press, 2003.

5——Alfonso Alfaro. Voces de tinta dormida: itinerarios espirituales de Luis Barragán[J]. Artes de México, Nueva epoca, No. 23, En El Mundo de Luis Barragán(Primavera 1994) : 42-63.

6——Jean Dykstra. Breathing Light into Architecture[J]. Art on Paper, Vol. 11, No. 5 (May/June 2007): 32-33.

7——Keith Eggener. Diego Rivera's Proposal for el Pedregal[J]. Notes in the History of Art, Vol. 14, No. 3 (Spring 1995): 1-8.

8——Keith Eggener. Postwar Modernism in Mexico: Luis Barragán's Jardines del Pedregal and the International Discourse on Architecture and Place[J]. Journal of the Society of Architectural Historians, Vol. 58, No. 2 (Jun., 1999): 122-145.

9——José Maria Buendía Júlbez, Juan Palomar. The Life and Work of Luis Barragán[M]. New York: Rizzoli, 1997.

10——Keith L. Eggener. Placing Resistance: A Critique of Critical Regionalism[J]. Journal of Architectural Education (1984-), Vol. 55, No. 4 (May, 2002): 228-237.

11——Carlos Brillembourg. A Visit with God: Luis Barragan's Chapel at the Convent in Talplan Mexico[J]. BOMB, No. 52 (Summer, 1995): 52-55.

12——Enrique X. de Anda. Luis Barragán: clásico del silencio[M]. Colombia: Escala, 1989.

尤恩·伍重: 现代主义与复合工艺

1——Michael Asgaard Andersen. Jorn Utzon: Drawings and Buildings[M]. Princeton Architectural Press, 2013.

2——Richard Weston. Utzon: Inspiration, Vision, Architecture[M]. Edition Blondal, 2002.

3——Henrik Sten Moller. Jorn Utzon Houses[M]. Frances Lincoln, 2006.

4——Lise Juel. Can Lis: Jorn Utzon's House on Majorca[M]. A+U, 2013.

5——Francoise Fromonot. Jorn Utzon: The Sydney Opera House[M]. Gingko Press, 1998.

工艺与异化:
对工艺传统丢失的一种解读

1——张严. "异化"着的"异化",现代性视阈中黑格尔与马克思的异化理论研究 [M]. 青岛: 山东人民出版社, 2013.

2——马新颖. 异化与解放——西方马克思主义的现代性批判理论研究 [M]. 北京: 中央编译出版社, 2015.

3——Kenneth Clark. John Ruskin: Selected Writings[M]. Penguin Books, 1982.

4——Oscar Lovell Triggs. The Arts & Crafts Movement[M]. Parkstone Press International, 2009.

5——Gillian Naylor. William Morris by Himself: Designs and Writings[M]. Macdonald & Co, 1988.

6——高兵强. 工艺美术运动 [M]. 上海: 上海辞书出版社, 2011.

7——August Sarnitz. Loos[M]. Taschen, 2003.

8——Nikolaus Pevesner. Pioneers of Modern Design: From William Morris to Walter Gropius[M]. Penguin Books, 1960.

9——佩夫斯纳. 现代设计的先驱者——从威廉·莫里斯到格罗皮乌斯 [M]. 王申祜,等,译. 北京: 中国建筑工业出版社, 1987.

10——Sigfried Giedion. Space, Time and Architecture, The growth of a New Tradition[M]. Harvard University Press, 1970.

11——吉迪恩.空间·时间·建筑:一个新传统的成长[M].王锦堂,孙全文,译.武汉:华中科技大学出版社,2014.

12——Panayotis Tournikiotis. The Historiography of Modern Architecture[M]. The MIT Press,1999.

13——图尼基沃蒂斯.现代建筑的历史编纂[M].王贵祥,译.北京:清华大学出版社,2012.

14——Henry-Russell Hitchcock, Philip Johnson. The International Style[M]. W. W. Norton & Company, 1966.

15——David Watkin. Morality and Architecture, The Development of a Theme in Architectural History and Theory from the Gothic Revival to the Modern Movement[M]. Clarendon Press, 1978.

16——海德格尔.海德格尔存在哲学[M].孙周兴,等,译.北京:九州出版社,2004.

17——Martin Heidegger. Poetry Language Thought[M]. Harper Perennial Modern Thought, 2001.

18——阿伦特.人的境况[M].王寅丽,译.上海:上海人民出版社,2009.

19——Hannah Arendt. The Human Condition[M]. The University of Chicago Press,1998.

20——Herbert Marcuse. One-dimensional Man, Studies in the Ideology of Advanced Industrial Society[M]. Beacon Press, 1991.

21——马尔库塞.单向度的人:发达工业社会意识形态研究[M].刘继,译.上海:上海译文出版社,2008.

22——Kenneth Frampton. Studies in Tectonic Culture, The Poetics of Construction in Nineteenth and Twentieth Century Architecture[M]. The MIT Press, 1995.

23——弗兰姆普敦.建构文化研究——论19世纪和20世纪建筑中的建造诗学[M].王骏阳,译.北京:中国建筑工业出版社,2007.

24——Michael Hays. OPPOSITIONS Reader[C].

Princeton Architectural Press, 1998.

弗兰切斯科·波洛米尼:石匠与建筑师

1——Étienne Barilier. Francesco Borromini: le mystère et l'éclat[M]. Lausanne: Presses polytechniques et universitaires romandes, 2009.

2——Federico Bellini. Le cupole di Borromini: la "scientia" costruttiva in etàbarocca[M]. Milano: Electa, 2004.

3——Anthony Blunt. Baroque & Rococo: Architecture & Decoration[M]. London: Paul Elek, 1978.

4——Anthony Blunt. Borromini[M]. Cambridge, Mass.: Harvard University Press, 1979.

5——Anthony Blunt. Roman Baroque[M]. London: Pallas Athene Arts, 2001.

6——Joseph Connors. The Cultural Moment at the Beginning of Work on S. Ivo alla Sapienza[M]. Roma: De Luca, 2007.

7——John Hendrix. The Relation between Architectural Forms and Philosophical Structures in the Work of Francesco Borromini in Seventeenth-Century Rome[M]. Lewiston, N.Y.: E. Mellen Press, 2002.

8——Magne Malmanger. Forms as Iconology: The Spire of Sant'Ivo alla Sapienza[J]. Acta ad Archaeologiam et Artium Historiam Pertinentia, 1978, Vol.8: 237.

9——Angelo Mazzotti. A Euclidean Approach to Eggs and Polycentric Curves[J]. Nexus Network Journal, 2014, Vol.16(2): 345-387.

10——Leros Pittoni. Francesco Borromini: l'iniziato[M]. Roma: De Luca, 1995.

11——Leros Pittoni. Francesco Borromini e i magistriticinesichehannocambiatoilvolto di Roma: raccontistorici[M]. Muzzano-Lugano: GagginiBizzozero, 1997.

12——Leros Pittoni. Francesco Borromini: l'architettoocculto del barocco[M]. Cosenza: Luigi Pellegrini, 2010.

13——Paolo Portoghesi. Francesco Borromini[M]. Milano: Electa, 1984.

14——Rocco Sinisgalli. Unastoriadellascenaprospettica dal Rinascimento al Barocco: Borromini a Quattro dimensioni[M]. Firene: Cadmo, 1998.

15——Smyth-Pinney, Julia.Borromini's Plans for Sant'IvoallaSapienza[J]. The Journal of the Society of Architectural Historians, 2000, Vol.59(3): 312.

16——Leo Steinberg. Borromini's San Carlo alle Quattro Fontane: A Study in Multiple Form and Architectural Symbolism[M]. New York: Garland Pub., 1977.

17——Rudolf Wittkower. Art and Architecture in Italy, 1600—1750[M]. New Haven: Yale University Press, 1999.

节点的进化:
康拉德·瓦克斯曼的预制装配式建筑探索

1——Stanford Anderson. Architectural Design as a System of Research Programmes[J]. Design Studies 5, July 1984, no. 3: 46-50.

2——Inderbir Singh Riar. Expo 67, or the Architecture of Late Modernity[M]. Columbia University, 2014: 225-239.

3——Mark Wigley. Network Fever[J]. Grey Room 04, summer 2001: 82-122.

4——Gilbert Herbert. The Dream of the Factory-Made House: Walter Gropius and Konrad Wachsmann[M]. Cambridge, MA: MIT Press, 1984: 241-313.

5——Kenneth Frampton. The Technocrats of the Pax Americana: Wachsmann and Fuller[J]. Casabella, January-February 1988, no. 542-543: 120.

6——Albert Farwell Bemis. The Evolving House Volume III: Rational Design [M] . Cambridge: The Technology Press, 1936.

7——Jeffrey Head. Rediscovering a Prefab Pioneer[J]. Architectural Record, August 16, 2008.

8——Tamar Zinguer. Toy. In Cold War Hothouses:

Inventing Postwar Culture, from Cockpit to Play-boy[M], edited by Beatriz Colomina, Annemarie Brennan and Jeannie Kim. New York, NY: Princeton Architectural Press, 2002.

9——Sigfried Giedion. A Decade of New Architecture[M]. Zurich: Girsberger, 1951.

10——Editor. The Work of Konrad Wachsmann[J]. Arts and Architecture, 1967: 8-29.

11——Konrad Wachsmann, Seven Theses[G]. In Programs and Manifestoes on 20th-century Architecture, edited by Ulrich Conrads, Cambridge, MA: MIT Press, 1970: 156.

12——Kenneth Frampton. The Status of Man and the Status of His Objects[G]. In Labour, Work and Architecture: Collected Essays on Architecture and Design, edited by Kenneth Frampton. London and New York: Phaidon Press Limited, 2002.

13——Konrad Wachsmann. The Turning Point of Building: Structure and Design[M]. New York: Reinhold Publishing Corporation, 1961: 230.

无日不工线描：维欧莱-勒-迪克列传

1——Eugène-Emmanuel Viollet-le-Duc. Lettres d'Italie, 1836—1837: adressées à sa famille[M], edited by Geneviève Viollet Le Duc. Paris: L. Laget, 1971.

2——E. H. Gombrich, with Jill Tilden. "Viollet-le-Duc's Histoire d'un dessinateur." In Discovering Child Art: Essays on Childhood, Primitivism and Modernism[M], edited by Jonathan Tineberg. Princeton: Princeton University Press, 1998, 27–39.

3——江嘉玮. 从沃尔夫林到埃森曼的形式分析法演变[J]. 时代建筑:2017(3): 60-69.

4——Stiftung Bibliothek Werner Oechslin. Eugene Emmanuel Viollet-le-Duc: Internationales Kolloquium[M]. Zürich: Gta; Berlin: Gebr. Mann, 2010.

5——Laurence de Finance, Jean-Michel Leniaud(eds.). Viollet-le-Duc: les visions d'un architecte[M]. Paris: Editions Norma, 2014.

6——Françoise Bercé. Viollet-le-Duc[M]. Paris: Editions du Patrimoine, 2014.

7——江嘉玮. 夏约院史：法国遗产保护的过去和当下[J]. 时代建筑:2016(5): 154.

8——陆地，肖鹤. 哥特建筑的"结构理性"及其在遗产保护中的误用[J]. 建筑师，2016(02): 40-47

9——Florence Contenay, Benjamin Mouton, Jean-Marie Pérouse de Montclos(eds.). L'école de Chaillot : une aventure des savoirs et des pratiques[M]. Paris: Cendres, 2012.

10——Martin Bressani. Architecture and the Historical Imagination: Eugène Emmanuel Viollet-le-Duc, 1814—1879[M]. Farnham: Ashgate, 2014.

11——Denis Blanchard-Dignac. Viollet-le-Duc: la passion de l'architecture[M]. Bordeaux: Éditions Sud Ouest, 2014.

图片来源
Image Source

宾纳菲尔德、筱原一男、巴瓦与莱弗伦兹：对待工艺的四种态度

1——https://de.wikipedia.org/wiki/Dominikus_B%C3%B6hm

2——http://www.som.com/projects/lever_house

3——Manfred Speidel, Heinz Bienefeld:Bauten und Projekte, Verlag der Buchhandlung Walther König, 1991, p.33.

4——Wolfgang Voigt(ed.), Heinz Bienefeld, 1926—1995, Wasmuth, 1999, p.67.

5——Wolfgang Voigt(ed.), Heinz Bienefeld, 1926—1995, Wasmuth, 1999, p.82.

6——Manfred Speidel, Heinz Bienefeld: Bauten und Projekte, Verlag der Buchhandlung Walther König, 1991, p.88.

7——Manfred Speidel, Heinz Bienefeld:Bauten und Projekte, Verlag der Buchhandlung Walther König, 1991, p.107.

8——Manfred Speidel, Heinz Bienefeld: Bauten und Projekte, Verlag der Buchhandlung Walther König, 1991, p.187.

9——Manfred Speidel, Heinz Bienefeld: Bauten und Projekte, Verlag der Buchhandlung Walther König, 1991, p.183.

10——Manfred Speidel, Heinz Bienefeld: Bauten und Projekte, Verlag der Buchhandlung Walther König, 1991, p.188.

11——Manfred Speidel, Heinz Bienefeld: Bauten und Projekte, Verlag der Buchhandlung Walther König, 1991, p.119.

12——Manfred Speidel, Heinz Bienefeld: Bauten und Projekte, Verlag der Buchhandlung Walther König, 1991, p.136.

13——Manfred Speidel, Heinz Bienefeld: Bauten und Projekte, Verlag der Buchhandlung Walther König, 1991, p.135.

14——Manfred Speidel, Heinz Bienefeld: Bauten und Projekte, Verlag der Buchhandlung Walther König, 1991, p.146.

18——Kazuo Shinohara, 2G(58/59), p.83.

19——Kazuo Shinohara, 2G(58/59), pp.80-81.

20——http://www.sothebys.com/en/auctions/ecatalogue/2014/impressionist-modern-art-evening-sale-n09139/lot.12.html

21——http://maihudson.tumblr.com/post/110987243181/i-have-always-believed-that-the-creation-of-new

22——http://www.visitfactories.com/robg.php

23——Kazuo Shinohara, 2G(58/59), p.68.

24——https://www.moma.org/learn/moma_learning/marcel-duchamp-fresh-widow-1920

25——Kazuo Shinohara, 2G(58/59), pp.134-5.

26——Kazuo Shinohara, 2G(58/59), p.133.

27——Kazuo Shinohara, 2G(58/59), p.136.

28——https://historyofourworld.wordpress.com/category/photography/

29——Kazuo Shinohara, 2G(58/59), p.264.

33——Brian Brace Taylor, Geoffrey Bawa, Thames and Hudson(1995), p.119.

34——Brian Brace Taylor, Geoffrey Bawa, Thames and Hudson(1995), p.51.

37——Brian Brace Taylor, Geoffrey Bawa, Thames and Hudson(1995), p.61.

39——Brian Brace Taylor, Geoffrey Bawa, Thames and Hudson(1995), p.120.

40——Brian Brace Taylor, Geoffrey Bawa, Thames and Hudson(1995), p.162.

41——Brian Brace Taylor, Geoffrey Bawa, Thames and Hudson(1995), p.157.

43——Brian Brace Taylor, Geoffrey Bawa, Thames and Hudson(1995), p.178.

47、48——Claes Dymling, Architect Sigurd Lewerentz(vol.1), Byggförlaget, 1997, p.178.

51——Claes Dymling, Architect Sigurd Lewerentz(vol.1), Byggförlaget, 1997, p.159.

53——Claes Dymling, Architect Sigurd Lewerentz(vol.2), Byggförlaget, 1997, p.119.

54——Claes Dymling, Architect Sigurd Lewer-

entz(vol.2), Byggförlaget, 1997, p.114
15、16、17、30、31、32、35、36、38、42、44、
45、46、49、50、52、55、56、57、58、59、
60——作者自摄

巴拉干自宅与个体生活之建构

1——来自网络
2——Raul Rispa. Barragan: The Complete Works, p.22.
3——同上，p.25.
4——同上，p.26.
5——Daniel Garza Usabiaga, Juan Palomar, Alfonso Alfaro. Luis Barragán: His House, p.16.
6——同上，p.18.
7——同上，p.21.
8——Raul Rispa. Barragan: The Complete Works, p.48.
9、10——Antonio Toca, J. M.Buendía. Barragán: The Complete Works, p.50.
11——同上，p.48.
12——同上，p.65.
13——同上，p.73.
14——来自网络
15——Raul Rispa. Barragan: The Complete Works, p.96.
16——同上，p.99.
17——Antonio Toca, J. M.Buendía. Barragán: The Complete Works, p.98.
18——Raul Rispa. Barragan: The Complete Works, p.103.
19——同上，p.106.
20——来自网络
21——Daniel Garza Usabiaga, Juan Palomar, Alfonso Alfaro. Luis Barragán: His House, p.48.
22——同上，p.50.
23——José Maria Buendía Júlbez, Juan Palomar. The Life and Work of Luis Barragán, p.218.
24——Daniel Garza Usabiaga, Juan Palomar, Alfonso Alfaro. Luis Barragán: His House, p.60.

25——同上，p.62.
26——同上，p.69.
27——同上，p.75.
28——同上，p.82.
29——José Maria Buendía Júlbez, Juan Palomar. The Life and Work of Luis Barragán, p.226.
30——同上，p.169.
31——Daniel Garza Usabiaga, Juan Palomar, Alfonso Alfaro. Luis Barragán: His House, p.116.
32——同上，p.136.
33——同上，p.144.
34——同上，p.151.
35——同上，p.150.

尤恩·伍重：现代主义与复合工艺

1、2、3、4、13、18、19、23、28、34——来自网络
5、6、7、14、21、22、24、25、26、27、29、30、31、32、33、35、36、37、38、39、40——Richard Weston, Utzon: inspiration, vision, architecture, Edition Blondal, 2002.
9、10、11——Henrik Sten Moller, Jorn Utzon Houses, Frances Lincoln, 2006.
12、15、16、17——Lise Juel, Can Lis: Jorn Utzon's House on Majorca, A+U, 2013.
20——Michael Asgaard Andersen, Jorn Utzon: drawings and buildings, Princeton Architectural Press, 2013.

结构理性主义及超历史之技术对奥古斯特·佩雷与安东尼奥·高迪的影响

1——Viollet-le-Duc, Entretiens sur l'architecture.
2——Viollet-le-Duc, l'art russe, p.158.
3——Viollet-le-Duc, l'art russe, p.195.
4——Viollet-le-Duc, l'art russe, p.193.
7、8——Kenneth Frampton, Studies in Tectonic Culture, p.122.
9——Viollet-le-Duc, Entretiens sur l'architecture .

弗兰切斯科·波洛米尼：石匠与建筑师

1、2、3、4、7、16、20——来自网络
8、9、11、21——来自罗马大学档案馆
5、6、10、12、13、14、15、17、18、19、22、23、24、25、26、27——作者自摄或自绘

节点的进化：康拉德·瓦克斯曼的预制装配式建筑探索

1——The Dream of the Factory Made House, p.281.
2——https://kuenste-im-exil.de/
3——https://kuenste-im-exil.de/
4——The Evolving House Volume III: Rational Design.
5、6——美国专利商标局 (USPTO) 网站
7——Perspecta, Vol. 34 (2003), p. 20-27.
8——https://www.moma.org/
9——http://miscellaneous-pics.blogspot.jp/2010/10/konrad-wachsmann.html
10——Konrad Wachsmann Archiv, Akademie der Kunst, Berlin.
11、12——The Turning Point of Building: Structure and Design.
13——洛杉矶建筑与城市设计论坛网站

无日不工线描：维欧莱 - 勒 - 迪克列传

1——Viollet-le-Duc: les visions d'un architecte, p.18.
2——Viollet-le-Duc, p.82 .
3——来自网络
4——Viollet-le-Duc, p.93.
5——Viollet-le-Duc: les visions d'un architecte, p.114.
6——作者自编，素材来自 Viollet-le-Duc: les visions d'un architecte.
7——Viollet-le-Duc, p.154.
8——同上，p.139.
9——同上，p.112.

10——Viollet-le-Duc: The French Gothic Revival, p.96.

11——来自网络

12——Viollet-le-Duc, p.122.

13——同上，p.85.

14——同上，p.77.

15——《建筑类典》第4卷，p.135.

16——同上，p.141.

17——Viollet-le-Duc: les visions d'un architecte, p.105.

18——Viollet-le-Duc, p.163.

19——Viollet-le-Duc et la Montagne, p.135.

20——同上，p.134.

张向琳 + 张宇轩

Zhang Xianglin + Zhang Yuxuan

教师评语：

这份作业的资料翔实，分析到位，制图精细。将巴格斯瓦德教堂的材料、建造用恰当的分析图解进行了表达，根据历史资料来模拟并还原了木模板搭建与混凝土浇筑的过程，可读性很高。对教堂采光方式的研究令这份作业找到了伍重做设计时的真实意图，并将工艺分析融入了建筑艺术分析之中，从而能真正深入展开去探讨 craft 的意匠层面。这份作业有不少亮点，是精心组织和设计之后的结果，展现了学生扎实的建筑分析基本功。

1. Design Inspirations

Design Sketches
(http://www.utzonphotos.com)

The church was in Copenhagen, Denmark, completed in 1976. Design inspirations excepts the hawaii clouds are as follows:

Roof and Foun

2. Module System

Comparison between plans of church and a Chinese buddhist monastery.
(Jørn Utzon: Drawings and Buildings, Andersen, Michael Asgaard, Princeton Architectural Press)

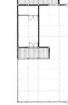

The structural

The church was regulated in section by the circle then it was governed in plan by the square.

The morphology of the church results in a strict modular displine both in plan and elevation, the unit elements were precabricated.

Bagsvaerd Church by Jørn U

162

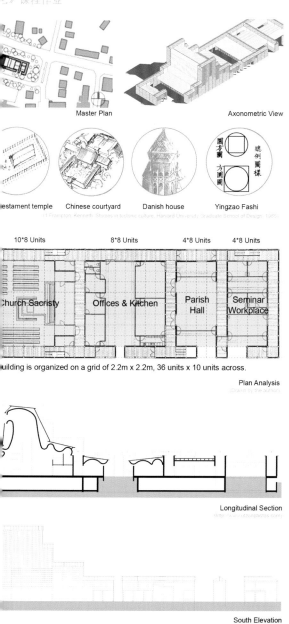

Master Plan

Axonometric View

...estament temple

Chinese courtyard

Danish house

Yingzao Fashi

(1) Frampton, Kenneth: Studies in tectonic culture. Harvard University, Graduate School of Design, 1985)

10*8 Units

8*8 Units

4*8 Units

4*8 Units

Church Sacristy

Offices & Kitchen

Parish Hall

Seminar Workplace

...uilding is organized on a grid of 2.2m x 2.2m, 36 units x 10 units across.

Plan Analysis
(Drawn by the author)

Longitudinal Section
(http://www.utzonphotos.com)

South Elevation
(http://www.utzonphotos.com)

a nostere and honest construction

3. Architectural Composition

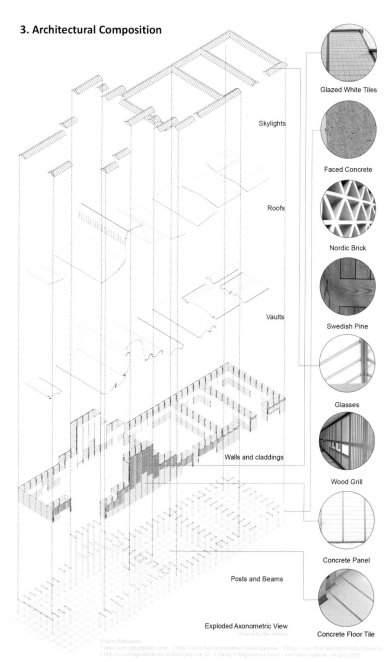

Skylights

Roofs

Vaults

Walls and claddings

Posts and Beams

Exploded Axonometric View
(Drawn by the author)

Glazed White Tiles

Faced Concrete

Nordic Brick

Swedish Pine

Glasses

Wood Grill

Concrete Panel

Concrete Floor Tile

Photos Reference:
...

Name: ZHANG Xianglin & ZHANG Yuxuan   Nationality: CHINESE   Student ID Number: 1431777 & 1431726

4.Vault Analysis

In the ceiling of Bagsværd Church the variations on conca
surfaces and their different radii establish a form that app
like those known from Baroque architecture. This results ir
geometry, matter and light that creates a distinctive unity.

(1.Davey P. Bagsvaerd Church. Jorn Utzon logbook, vol 2[J]. 2006.   2.http://www.utzonphot

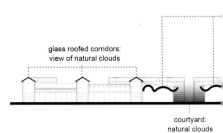

glass roofed corridors:
view of natural clouds

courtyard:
natural clouds

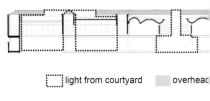

light from courtyard   overhead

5.Construction Process   (Drawn by the author)

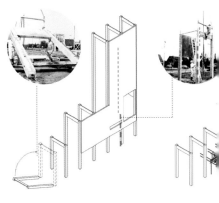

Precast Concrete Framing   V

nvex
finity,
ay of

oncrete form:
anmade clouds

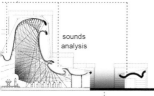

sounds analysis

courtyard: natural clouds

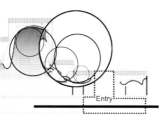

Entry

ght ■ clerestory diffused light

Bagsvaerd Church by Jørn Utzon   a nostere and honest construction

6.Craft (Drawn by the author)

The grand piano,organ and benches are designed by utzon,mainly in stained Swedish pines.The altar, pulpit and font (a receptacle for baptismal or holy water) were constructed from prefabricated white concrete units and assembled by masons on-site.

The altarpiece screen was constructed of thin Flensburg bricks placed on their edges in triangular patterns, then paited in white, inspired by Islamic patterns in Spain.

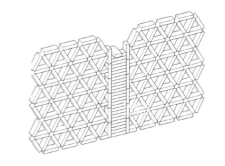

7.Detail

1) Precast Concrete Column
2) Glass Skylight
3) Precast Calcium Silicate Panel
4) Steel Mullion
5) Rebar
6) Waterproofing
7) Concrete Footing
8) Air insulation
9) Concrete Slab
10) White Ceramic Tile
11) Flange
12) Foundation

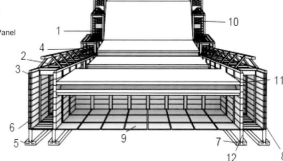
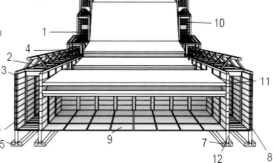

Organ

The Grand Piano

Altar.Pulpit.Font

Ismamic Patterns

Lay the Bricks

in Triangular Patterns

White Painting

Alterpiece Screen

ffold   Hand-crafted Timber Shutters   Reinforced Prefabricated Meshes   Sprayed Concrete

Name：ZHANG Xianglin & ZHANG Yuxuan   Nationality: CHINESE   Student ID Number: 1431777 & 1431726

姜颖 + 琚安琪 + 郑婷方

Jiang Ying + Ju Anqi + Zheng Tingfang

教师评语：

绘图精细，使用了大幅轴测爆炸图来表达建筑单体的构造层次，很直观地呈现了东海大学的楼宇使用木结构以及混凝土仿木结构的设计语汇。可以说，这份作业的构思精妙之处是为它的研究对象找到了恰当的分析手段和表现手法，这也是这门课的教学团队在课程作业设计上的最终目标。此外，对红砖的模度与砌筑方法的讨论也增加了读者对建造细节的认知。

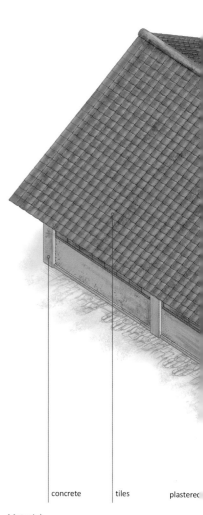

concrete   tiles   plastered

Material：
The building's main structure framework is western ba
architectures using brick，stone，timber，tiles(bare br
construction of the roof, walls, doors and windows and s

Tiles：
Taiwan's architectures were influenced by Japanese an
wanted to explore the relation between tradition and mo

Notes:Thanks for students in Taiwan measuring all the c

1957

Structure:

We selected the left wing of the builing which has very typical structure that can be seen in alomost every building in the campus as a prototype.It transforms traditional characteristics of chinese buildings with unique architetural language but not in a very similar way. Its structure whichs is not acturally same with the traditional one ,because the traditional one is kind of post-and-lintel structure.This one is more like a modern truss-structure.

Crafts:

Every detail of this building is disposed uniquely, and the part of timber strcuture is better to be connected in a motice-and- tenon-joint way than using nails.

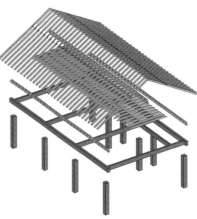

Comparison:

Small "King-post"   Large "Top-chords"
All beams rest on bracket   large to-chiao directly

Connecting beam

Rafter

Supporting the rafters

columns

beam

Traditional timber structure   Modern structure

Fabric:

We found there were three types of bricks.It needs an accurate way so that three layers of this wall can be controlled in the same length and wide from top to bottom.

Insulation   straping   timber   brick

, replacing the traditional timber frame structure, but it still keep the architectural features of the eastern
ress railings and window frames,masonry wall,grey tiles and white walls) to express nature simple texture in the
f details.(1)

ctures, which stems from Tang dynasty, so when the architect
ne choosed one kind of Japanese cultural tiles —J-type tiles.

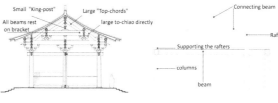

building.(1) 粗犷与诗意—台湾第一代建筑，徐明松；王俊雄

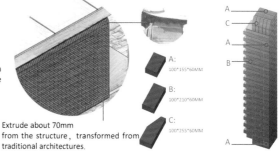

A:
100*155*60MM

B:
100*210*60MM

C:
100*255*60MM

Extrude about 70mm
from the structure, transformed from
traditional architectures.

A
C
A
B

Name: Anqi Ju   Nationality: China   Student ID Number: 1431737
      Tingfang Cheng   Taiwan   1436271
      Ying Jiang   China   1410097

李浩 + 何妍萱

Li Hao + He Yanxuan

教师评语：

这份作业以路思义教堂的结构、建造过程、材料作为分析对象，绘图简洁、直观。将路思义教堂留存后世的关于搭模、浇筑、拆模过程的历史照片很好地结合进分析图解，令整套分析变得逻辑缜密并具备一定的叙事性。稍显不足的是，两张图纸中有一小部分内容是重复的，可考虑删减。

The back part where the alter is placed is seperated with auditorium part , the two different parts create side windows which lights up the altar part.

Arts
Crafts

Scale

The two parts are seperated with each other, so it allows light come in and diffuse, which make a sense of mystery and lead to a skylight opening which signify the meaning of "one-line-sky".

Arts
Crafts

With the seperated two parts, structure is clearly showed and the chemney-liked shape is propitious to solve the ventilation problem.

These two parts are attached with each other through numbers of hinge joint-liked concrete components, which creates a flexible connection.

168

Luce Memorial Chapel

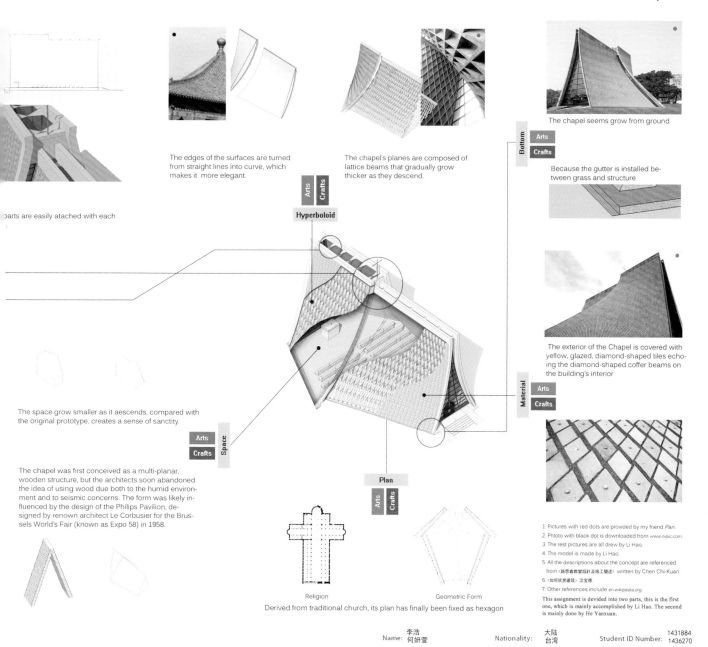

The edges of the surfaces are turned from straight lines into curve, which makes it more elegant.

The chapel's planes are composed of lattice beams that gradually grow thicker as they descend.

The chapel seems grow from ground

Bottom Arts Crafts

Because the gutter is installed between grass and structure

parts are easily atached with each

Arts Crafts

Hyperboloid

The exterior of the Chapel is covered with yellow, glazed, diamond-shaped tiles echoing the diamond-shaped coffer beams on the building's interior

Material Arts Crafts

The space grow smaller as it aescends, compared with the original prototype, creates a sense of sanctity.

Arts Crafts **Space**

The chapel was first conceived as a multi-planar, wooden structure, but the architects soon abandoned the idea of using wood due both to the humid environment and to seismic concerns. The form was likely influenced by the design of the Philips Pavilion, designed by renown architect Le Corbusier for the Brussels World's Fair (known as Expo 58) in 1958.

Plan Arts Crafts

Religion

Geometric Form

Derived from traditional church, its plan has finally been fixed as hexagon

Name: 李浩
何妍萱

Nationality: 大陆
台湾

Student ID Number: 1431884
1436270

灌水泥

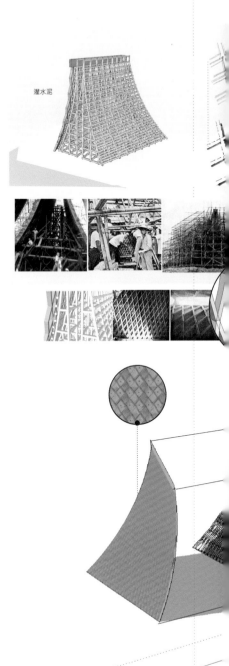

RE: CRAFT
课程作业

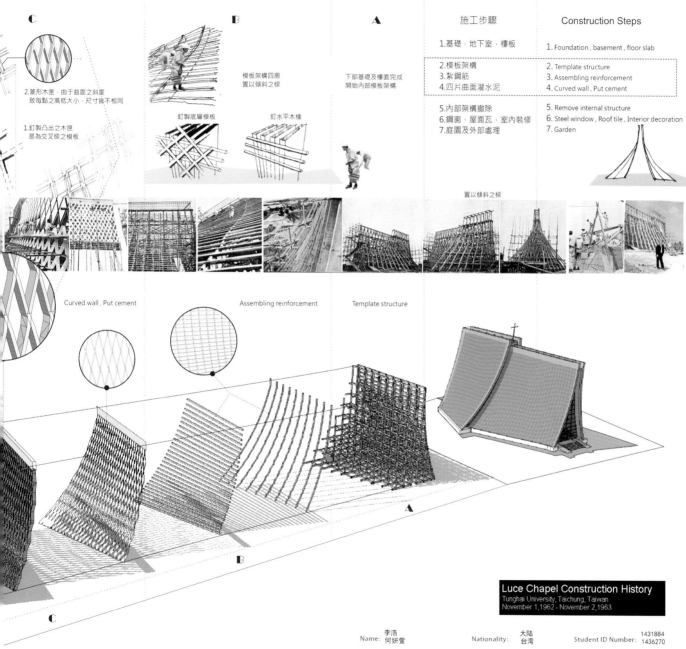

C

2.菱形木匣，由于曲面之斜度
致每點之高低大小，尺寸皆不相同

1.釘製凸出之木匣
是為交叉樑之模板

B

模板架構四周
置以傾斜之樑

釘製底層模板   釘水平木樑

A

下部基礎及樓面完成
開始內部模板架構

施工步驟 | Construction Steps

1.基礎，地下室，樓板 | 1. Foundation , basement , floor slab

2.模板架構 | 2. Template structure
3.紮鋼筋 | 3. Assembling reinforcement
4.四片曲面灌水泥 | 4. Curved wall , Put cement

5.內部架構撤除 | 5. Remove internal structure
6.鋼窗，屋面瓦，室內裝修 | 6. Steel window , Roof tile , Interior decoration
7.庭園及外部處理 | 7. Garden

置以傾斜之樑

Curved wall , Put cement   Assembling reinforcement   Template structure

A
B
C

Luce Chapel Construction History
Tunghai University, Taichung, Taiwan
November 1,1962 - November 2,1963

Name: 李浩 何妍萱   Nationality: 大陆 台湾   Student ID Number: 1431884 1436270

肖潇

Xiao Xiao

教师评语：

这份作业首先对奥利维蒂展示厅的材料做了分类，然后根据节点的类型再归纳出几种典型的构造特征，用轴测图解来表现这些构造和材料。各种分析要素被比较完整地组织在同一画面里，达到比较均衡的效果。不过，这份作业并没有太多涉及建造过程，而斯卡帕本人却是尤其注重工艺是怎么通过建造来实现的，因此有些美中不足。

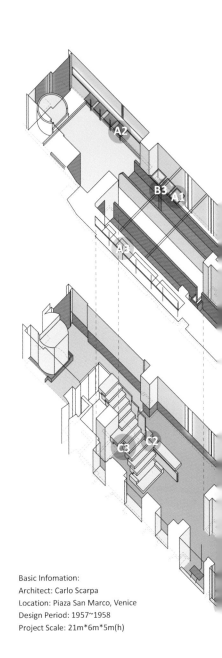

Basic Infomation:
Architect: Carlo Scarpa
Location: Piaza San Marco, Venice
Design Period: 1957~1958
Project Scale: 21m*6m*5m(h)

Sliding?

fig.1 齋藤裕, 建築の詩人 カルロ・スカルパ [M]. Tokyo: TOTO Publishing, 1997: 182

Illusion of Sliding:
Rail, Lock & Redundancy of Construction Error in Olivetti Showroom

In the interior of Olivetti Showroom, components such as steps and tables seem being able to slide, whose rails then become one of the major visual elements that define the interior environment.

In terms of CRAFT, the RAILS are acutually LINEAR EXTENSIONS OF THE JOINTS which create spaces that increase redundancy for the construction errors, making it much easier for craftsman to assemble the components "accurately". Three different kind of "sliding" are defined as follows:

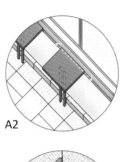
A1

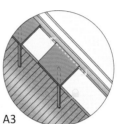
A2

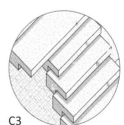
A3

Type A
Rail for the JOINT, lock on the OBJECT

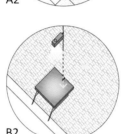
B1

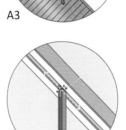
B2

B3

Type B
Rail for the JOINT, Lock on the JOINT

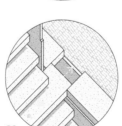
C1

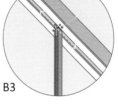
C2

C3

Type C
Rail for the OBJECT, lock on the OBJECT

glass mozaic, red

glass mozaic, white

glass mozaic, yellow

aurisina marble

timber

metal

black marble & water

venetian plaster

References:
- Gigi Scarpa, un negozio in Piazza S.Marco a Venezia, in "L'architettura-cronache e storia.", 43, 1959, pp.18-27
- Carlo Ludovico Ragghianti, "La crasera de piazzo" di Carlo Scarpa, in "Zodiac", 4, 1959, pp.128-147
- Negozio Olivetti a Venezia, in Carlo Scarpa. Atlante delle architetture, a cura di Guido Beltramini e Italo Zannier, Venezia, Marsilio Editore, 2006
- 齋藤裕, 建築の詩人 カルロ・スカルパ [M]. Tokyo: TOTO Publishing, 1997: 180-185
- 张婷、肖潇达, 奥利维蒂展厅的猜想 (上篇)：卡洛斯卡帕设计的过程与起点 [J]. 建筑师, 2014, 170(5): 90-100
- 张婷、肖潇达, 奥利维蒂展厅的猜想 (下篇)：形式背后的思考 [J]. 建筑师, 2014, 171(6): 52-60

Name: XIAO Xiao (肖潇)   Nationality: P.R China   Student ID Number: 1410112

苗青
Miao Qing

教师评语：

这份作业分别研究了何陋轩的整体构架、结构类型、节点，将各方面要素分拆之后进行研究，每一点都分析得比较到位。对何陋轩竹节点进行归类，能看到它们与内部结构整体性的关系。这份作业选取的案例以及分析方法都很符合这门课从 craft 到意匠的教学思路。唯一不足之处是各组分析图略显各自为政，尚未被很好地整合到同一个图面里。

Pavilion He Lou 何陋轩

Pavilion He Lou, located at t
designed by a famous archite
surronded by water and bamb
On this page, discussion is m

1 Joints

Joints are important in this case. They decide the form, the construction and the spirit of the pavilion.

Two Types of Joints

TYPE 1- Banding
Most of the joints are connected by iron wires. Bamboo poles are punched holes and connected.
They are strong enough to hold the roof which is made of straw.

TYPE 2-Steel& bamboo components
Joints which fix the bamboo columns to the decks. Bolts are used to make sure the joints are fixed firmly.

2 Fra

The
(e
dife

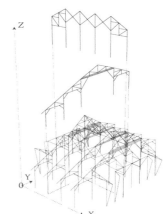

XZ Plane (east-wes
More bracing piec
The secret of the c

YZ Plane (south-ne
More triangular st
The asymmetry st

3 Structure

Basically, there are three kinds of rods: Supporting pie

Supporting Pieces

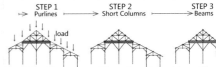

STEP 1 Purlines → STEP 2 Short Columns → STEP 3 Beams

...heast side of Gadern Fang Ta (Songjiang district in Shanghai),was ...educator Feng Jizhong. It is 7m high, 16.8m long and 14.55m wide, ...st. Its unique form have influenced many famous architects in China. ...out CRAFT: Material and Construction.

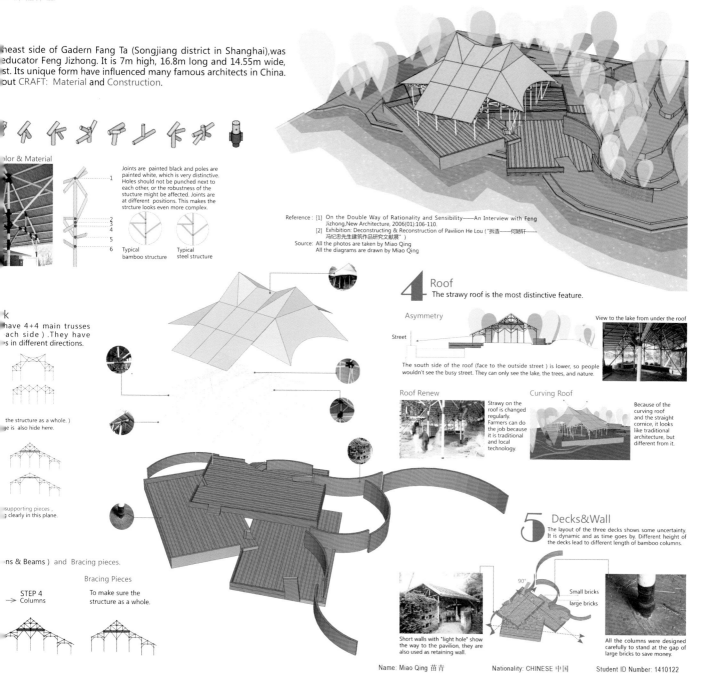

...lor & Material

Joints are painted black and poles are painted white, which is very distinctive. Holes should not be punched next to each other, or the robustness of the stucture might be affected. Joints are at different positions. This makes the strcture looks even more complex.

1
2
3
4
5
6

Typical bamboo structure

Typical steel structure

Reference : [1] On the Double Way of Rationality and Sensibility——An Interview with Feng Jizhong,New Architecture, 2006(01):106-110.
[2] Exhibition: Deconstructing & Reconstruction of Pavilion He Lou ("拆语——何陋轩 冯纪忠先生建筑作品研究文献展")
Source: All the photos are taken by Miao Qing
All the diagrams are drawn by Miao Qing

...k

...have 4+4 main trusses ...ach side) .They have ...s in different directions.

...the structure as a whole.) ...ge is also hide here.

...supporting pieces , ...g clearly in this plane.

...ns & Beams) and Bracing pieces.

Bracing Pieces

To make sure the structure as a whole.

STEP 4
→ Columns

4 Roof
The strawy roof is the most distinctive feature.

Asymmetry

View to the lake from under the roof

Street

The south side of the roof (face to the outside street) is lower, so people wouldn't see the busy street. They can only see the lake, the trees, and nature.

Roof Renew

Strawy on the roof is changed regularly. Farmers can do the job because it is traditional and local technology.

Curving Roof

Because of the curving roof and the straight cornice, it looks like traditional architecture, but different from it.

5 Decks&Wall
The layout of the three decks shows some uncertainty. It is dynamic and as time goes by. Different height of the decks lead to different length of bamboo columns.

90°

Small bricks

large bricks

Short walls with "light hole" show the way to the pavilion, they are also used as retaining wall.

All the columns were designed carefully to stand at the gap of large bricks to save money.

Name: Miao Qing 苗青   Nationality: CHINESE 中国   Student ID Number: 1410122

柳喆俊

Liu Zhejun

教师评语：

这份作业专注于沙尔克研究所的混凝土材料配比、制模、搭模、拆模等工艺与建造问题，用流程图的绘制方式进行了很好的直观表达，该作业的完成度也是一大亮点。混凝土脱模后的表面纹路和质感是路易·康作品的一大特色，这份作业的分析可以成为路易·康从 20 世纪 50—70 年代一系列混凝土作品的对比研究素材。

the Secrets of Con

Despite the fact that it was Louis Kahn's first pour-in-place reinforced concrete building, the Salk Institute became a master piece in the history of architecture. This building has so many different aspects to explore, bu on how Louis Kahr material too flexible to into full play, and rev behind those concrete

Final Result

plywood

polyurethane

▲ Plywood panels are sanded and coated with polyuretha.
1. to create the smooth appearance of the finished co
2. to make the plywood water-proof so that the woo be used for multiple times.

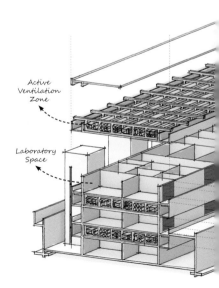

Active Ventilation Zone

Laboratory Space

...te

focuses
...crete, a
...teristics,
...secretes

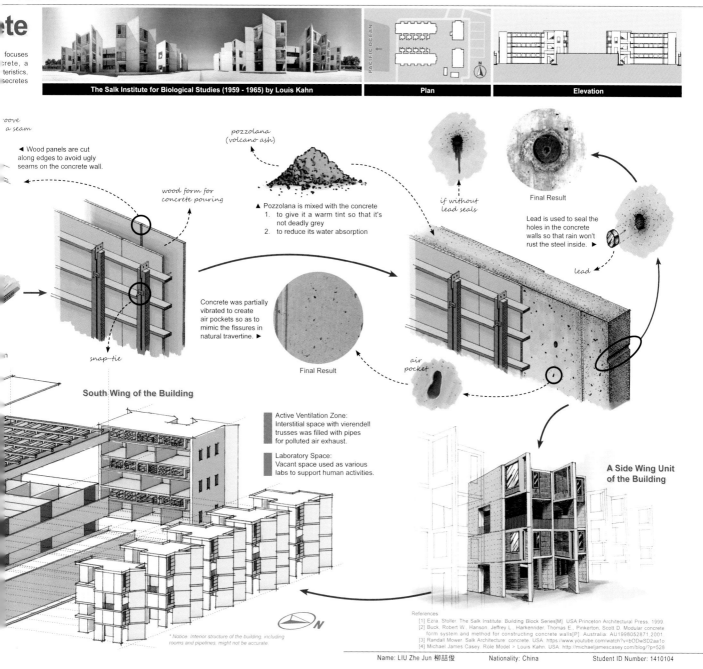

The Salk Institute for Biological Studies (1959 - 1965) by Louis Kahn

Plan

PACIFIC OCEAN

Elevation

...oove
...a seam

◀ Wood panels are cut
along edges to avoid ugly
seams on the concrete wall.

*wood form for
concrete pouring*

*pozzolana
(volcano ash)*

▲ Pozzolana is mixed with the concrete
1. to give it a warm tint so that it's
not deadly grey
2. to reduce its water absorption

*if without
lead seals*

Final Result

Lead is used to seal the
holes in the concrete
walls so that rain won't
rust the steel inside. ▶

lead

Concrete was partially
vibrated to create
air pockets so as to
mimic the fissures in
natural travertine. ▶

Final Result

*air
pocket*

snap-tie

South Wing of the Building

Active Ventilation Zone:
Interstitial space with vierendell
trusses was filled with pipes
for polluted air exhaust.

Laboratory Space:
Vacant space used as various
labs to support human activities.

**A Side Wing Unit
of the Building**

N

* Notice: Interior structure of the building, including
rooms and pipelines, might not be accurate

References
[1] Ezra, Stoller: The Salk Institute: Building Block Series[M]. USA Princeton Architectural Press; 1999.
[2] Buck, Robert W., Hanson, Jeffrey L., Harkennder, Thomas E., Pinkerton, Scott D. Modular concrete
form system and method for constructing concrete walls[P]. Australia: AU1998052871,2001.
[3] Randall Mower. Salk Architecture: concrete. USA: https://www.youtube.com/watch?v=bODwSD2aa1o
[4] Michael James Casey. Role Model > Louis Kahn. USA: http://michaeljamescasey.com/blog/?p=528

Name: LIU Zhe Jun 柳喆俊   Nationality: China   Student ID Number: 1410104

辛静

Xin Jing

教师评语：

筱原一男的建筑以多义出名。这种多义性存在于他建筑的空间构成、材料、氛围等多个维度里，介乎抽象与具象之间，其实很难用图解来进行分析。这份作业挑战了用图解来分析谷川之家的抽象空间，以视点分析、构造分析来讨论谷川之家如何去材料化、用图像来传递抽象观念，可谓勇气可嘉。这些议题都与现代艺术有关，本来并不属于这门课的核心讨论范围，但这份作业出人意料地涉足了更为艰涩的话题。

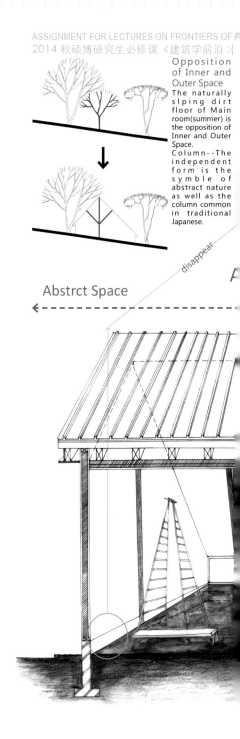

Opposition of Inner and Outer Space
The naturally slping dirt floor of Main room(summer) is the opposition of Inner and Outer Space.
Column--The independent form is the symble of abstract nature as well as the column common in traditional Japanese.

disappear

Abstrct Space

...schichkeit
...oji Taki had altered the photograph to designify the craft details (ig. the
...irting board) , creating the abstract nature and opposition.

...act Space achieved by Crafts

Kazuo Shinohara--Tanikawa House

↓ Crafts

direction of pushing

Crafts meeting the Functional needs
Glass is taken off in summer and installed in winter.

Positon of section

Tatami room

...lumn :middle

Main room (summer) with gradient natural ground

Main room(winter)

achieved by crafts

Section Perspective

Name: Xin Jing

roof

beam

column

wall

dirt floor

foundation

Nationality:Chinese

Student ID Number: 1431750

Exploded Isometric View

张丹

Zhang Dan

教师评语：

这份作业的特色是分析了国父纪念馆的两稿方案，更偏历史研究，比较直观地展示了王大闳的竞赛方案与最后建成方案在构造上的差异。构造的差异是由现代主义与折衷主义在认知层面的差异造成的，所以这份作业其实尝试在深层次上探讨王大闳在当时台湾的政治语境里所做出的建筑探索与妥协。建筑工艺与理念在两张大幅轴测剖面图里得到了不错的表达。

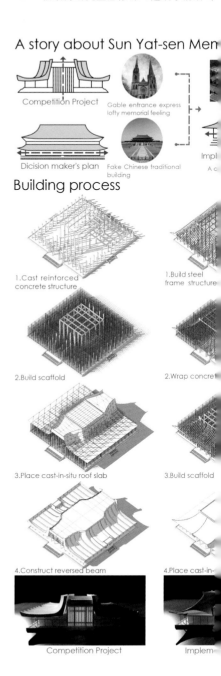

A story about Sun Yat-sen Men

Competition Project

Gable entrance express lofty memorial feeling

Dicision maker's plan

Fake Chinese traditional building

Impl
A c

Building process

1.Cast reinforced concrete structure

1.Build steel frame structure

2.Build scaffold

2.Wrap concre

3.Place cast-in-situ roof slab

3.Build scaffold

4.Construct reversed beam

4.Place cast-in-

Competition Project

Implem-

CTURE: CRAFT
艺》 课程作业

Hall

on project
proposal

oject

Modern Interpretation of Tradition Curved Roof
Wang Da-hong's imagination for Chinese monumental Architecture

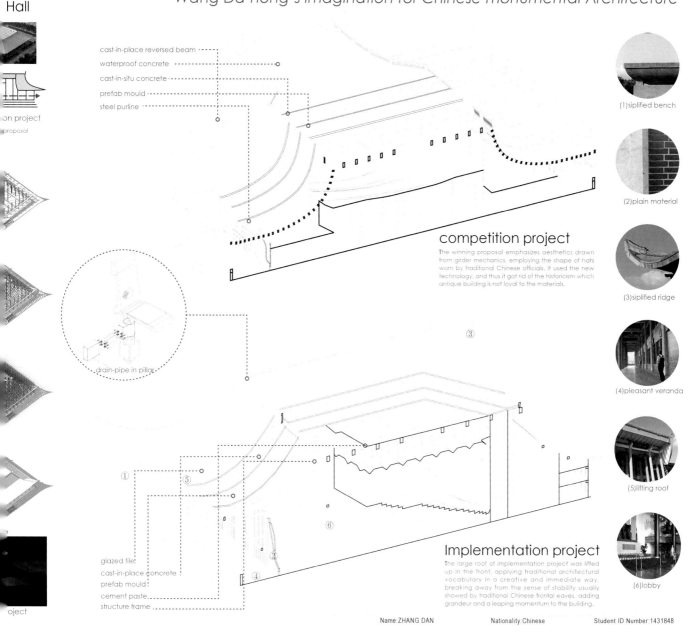

cast-in-place reversed beam
waterproof concrete
cast-in-situ concrete
prefab mould
steel purline

drain-pipe in pillar

competition project

The winning proposal emphasizes aesthetics drawn from girder mechanics, employing the shape of hats worn by traditional Chinese officials. It used the new technology, and thus it got rid of the historicism which antique building is not loyal to the materials.

③

glazed tile
cast-in-place concrete
prefab mould
cement paste
structure frame

Implementation project

The large roof of implementation project was lifted up in the front, applying traditional architectural vocabulary in a creative and immediate way, breaking away from the sense of stability usually showed by traditional Chinese frontal eaves, adding grandeur and a leaping momentum to the building.

(1)siplified bench

(2)plain material

(3)siplified ridge

(4)pleasant veranda

(5)lifting roof

(6)lobby

Name:ZHANG DAN   Nationality:Chinese   Student ID Number:1431848

吕凝珏

Lyu Ningjue

教师评语:

阿尔多·凡·艾克(Aldo Van Eyck)的阿姆斯特丹孤儿院是一座结合了预制件和现场浇筑工艺的优秀作品,其空间构成、采光方式都值得探讨。这份作业四平八稳地将以上这些方面都统筹到同一图面里,以大幅的轴测爆炸图统领了各项分析,表达清晰。不过过多使用了照片等现成的历史素材,自己动手绘制的分析图解数量略显不足。

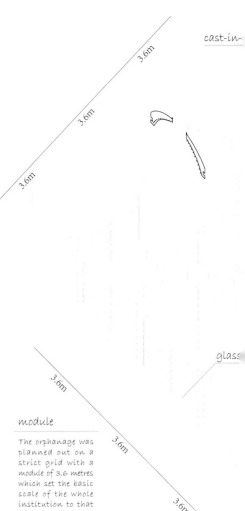

ALDO VAN

MUNICIPAL OR

AMSTERDAM 1955-1960

cast-in-

glass

module

The orphanage was planned out on a strict grid with a module of 3.6 metres which set the basic scale of the whole institution to that of a domestic room-sized unit.

EYCK

HANAGE

ncrete

The roofscape of small domes, some with central rooflights, dictated a small scale, appropriate space for children.

central rooflight

references resource: http://www2.uah.es/arquitecturaenconstruccion/E3-EQUIPOS%20DE%20TRABAJO-ALDOVANEYCK-G12.html

BIRD VIEW

INTERIOR

steel reinforcement

lintel joint

Each lintel had a long horizontal slot, usually glazed, which served both to make it recognisable as a symmetrical entity and add a sense of fragility.

atten

dome shuttering

Aldo Van Eyck invented a building system using repeated precast concrete domes as permanent shuttering, then putting steel reinforcement in the troughs between them before spraying concrete over the whole.

The true structure was a grid of in-situ concrete beams running both ways behind, but it was the columns and lintels that made the system visible at its edges, also stating the basic 'room' or aediculle.

DOME

1

Name:LV Ningjue   Nationality:Chinese   Student ID Number:1431722

黄艺杰

Huang Yijie

教师评语:

这份作业以何陋轩的茅草覆盖、竹节点、砖砌等构造作为分析的切入点,比较好地阐释了何陋轩在物质层面究竟是怎样被搭建起来的。大幅的轴测爆炸图将何陋轩的各个元素进行了拆解,然后与三个序列的分析图统筹到同一个图面里,体现了该学生具备比较好的建筑学绘图技能。这份作业注意到了何陋轩的三个地台在各自旋转 30 度之后如何将竹柱子连至地面的铺装,观察到了冯纪忠在处理材料和意匠层面的神来之笔。

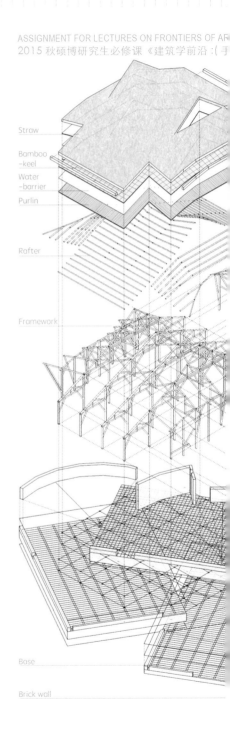

Straw

Bamboo
-keel

Water
-barrier

Purlin

Rafter

Framework

Base

Brick wall

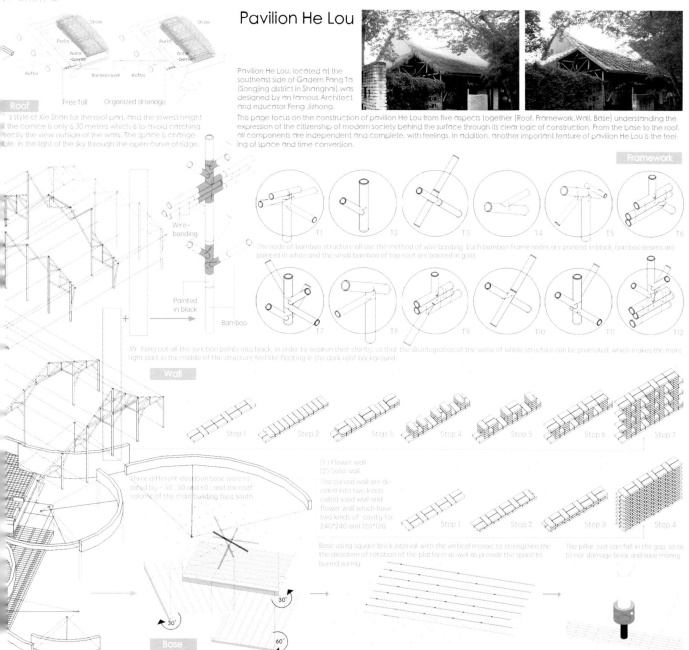

Pavilion He Lou

Pavilion He Lou, located at the southeast side of Gadern Fang Ta (Songjing district in Shanghai),was designed by an famous Architect and educator Feng Jizhong.

This page focus on the construction of pavilion He Lou from five aspects together (Roof, Framework,Wall, Base) understanding the expression of the citizenship of modern society behind the surface through its clear logic of construction. From the base to the roof, all components are independent and complete, with feelings. In addition, another important feature of pavilion He Lou is the feeling of space and time conversion.

Roof

Strow
Strow
Purlin
Purlin
Water -barrier
Water -barrier
Rafter
Rafter
Bamboo-keel
Rafter
Free fall
Organized drainage

...s style of Xie Shan for the roof part, and the lowest height ...the cornice is only 6.30 meters which is to avoid catching ...rectly the view outside of the walls. The space is change-...ble in the light of the sky through the open curve of ridge.

Wire- banding

Painted in black

Bamboo

Framework

T1 T2 T3 T4 T5 T6

The node of bamboo structure all use the method of wire banding. Each bamboo frame nodes are painted in black, bamboo beams are painted in white and the small bamboo of top roof are painted in gold.

T7 T8 T9 T10 T11 T12

Mr. Feng put all the junction points into black, in order to weaken their clarity, so that the disintegration of the sense of whole structure can be promoted, which makes the more light part in the middle of the structure feel like floating in the dark roof background.

Wall

Step 1 Step 2 Step 3 Step 4 Step 5 Step 6 Step 7

(1) Flower wall
(2) Solid wall
The curved wall are divided into two kinds called solid wall and flower wall which have two kinds of cavity for 240*240 and 120*120

Step 1 Step 2 Step 3 Step 4

Base

Three different elevation base were rotated by − 30°, 30° and 60°, and the roof volume of the mainbuilding face south.

30°
30°
60°

Base using square brick interval with the vertical mosaic to strengthen the the direction of rotation of the platform as well as provide the space to buried wiring.

The pillar just can fall in the gap, so as to not damage brick and save money

Name: Huang Yijie (黄艺杰)　　Nationality: China　　Student ID Number: 1530302

赵一泽

Zhao Yize

教师评语：

王大闳自宅是一座很适合这门课进行案例分析的现代主义建筑，因为它的空间布局理念、构造做法都是现代意匠的核心讨论议题。这份作业以砌砖方式、砖与混凝土及木头的交接方式、金属构件的连接等作为分析对象，将王大闳自宅拆分成了若干个可以细致分析的部分，绘图精细，表达清晰。不过，对于如何表现王大闳自宅的现代主义与中国传统院落氛围相结合的关键思考，这份作业做得稍有欠缺。

A B C

Wall Corner Construction

A/B C

Roof Structure
5 Layers of felt
¾ Roof panel
Heat Preventing plate
2″ × 8 Wooden grid
Ceiling strip
Wire mesh
Plaster layer

H
Construction of
Brick foundation
▼

H-6 H-1 H-2 H-3 H-4

Craft: Brick Pool
▼

I-1 I-2

Villa Wang Dahon
Modularization of Eastern Aesthet

Architect: Wang Dahong   **Location:** Taipei,Taiw
Area: 89.3㎡（31′*31′）   **Project Year:** 1952

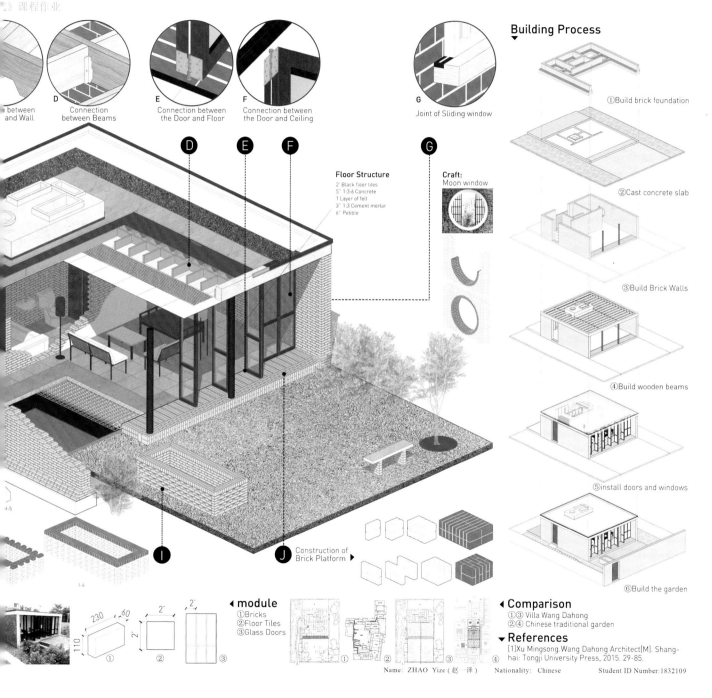

between
and Wall

D Connection between Beams

E Connection between the Door and Floor

F Connection between the Door and Ceiling

G Joint of Sliding window

Floor Structure
2" Black floor tiles
5" 1:3:6 Concrete
1 Layer of felt
3" 1:3 Cement mortar
6" Pebble

Craft:
Moon window

J Construction of Brick Platform ▶

Building Process ▼

① Build brick foundation

② Cast concrete slab

③ Build Brick Walls

④ Build wooden beams

⑤ install doors and windows

⑥ Build the garden

◀ **module**
① Bricks
② Floor Tiles
③ Glass Doors

◀ **Comparison**
① ③ Villa Wang Dahong
② ④ Chinese traditional garden

▼ **References**
[1] Xu Mingsong. Wang Dahong Architect[M]. Shanghai: Tongji University Press, 2015. 29-85.

Name: ZHAO Yize (赵 一泽)   Nationality: Chinese   Student ID Number: 1832109

230 60
110 2" 2" 2"
① ② ③

邱雁冰

Qiu Yanbing

教师评语：

莉娜·博·巴蒂（Lina Bo Bardi）的这个旧工厂改造项目有钢桁架、混凝土浇筑等方面的工艺考虑，这份作业将这些工艺与材料全部拆分出来逐一进行分析，每一部分的绘图表达都比较清晰，中规中矩地完成了整套分析图纸，并且切实地讨论了混凝土工艺做法对建成效果的影响。只是对各个分析的整体综合探讨要素稍显欠缺。

ASSIGNMENT FOR LECTURES ON FRONTIERS
2018 秋硕博研究生必修课《建筑学前沿：(手

▮SESC Pompeia by Lina Bo Bardi

- The SESC Pompeia in Sao Paulo, Brazil is one of the r
since 1950s. In this project, where located an old fa
buildings with specific renovating method and construct
and pioneer art. The old iron bucket factory is mostl
industry is intensified. For the two new building and the
casting craft to reveal the original raw beauty of concrete

Reference: [1] 张江，丁凡. 人民的建筑——丽娜·波·巴迪与圣保罗庞培娅艺术中心改造更新 [J]. 建筑师
          [2] 刘佳丽 丽娜·博·巴迪建筑作品及其思想初探 [D]. 华南理工大学. 2017
          [3] Clementine Dufaut,Rosemarie Faille-Faubert,Marianne Legault,Gabrielle Turcotte. Lina Bo Bardi-

1. Renovation of the old factory

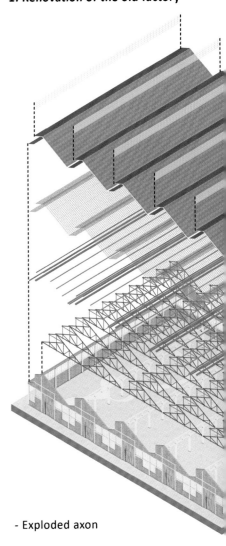

- Exploded axon

struction Analysis

ressive works by Lina Bo Bardi
he architect treated different
, showing a power of brutalism
ved and the characteristic of
wer, Lina Bo Bardi used certain
ondent with the old factory.

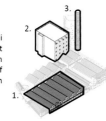

2. Construction of the new gymnasium

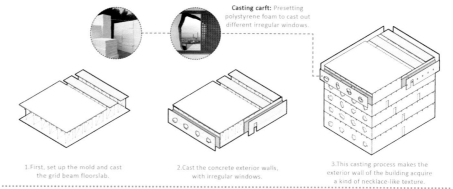

Casting carft: Presetting polystyrene foam to cast out different irregular windows.

1.First, set up the mold and cast the grid beam floorslab.

2.Cast the concrete exterior walls, with irregular windows.

3.This casting process makes the exterior wall of the building acquire a kind of necklace-like texture.

3. Casting craft of the water tower

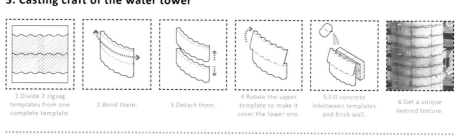

1.Divide 2 zigzag templates from one complete template.

2.Bend them.

3.Detach them.

4.Rotate the upper template to make it cover the lower one.

5.Fill concrete inbetween templates and brick wall.

6.Get a unique layered texture.

- One renovated truss:

Connector: painted red, showing an implication of industrialization.

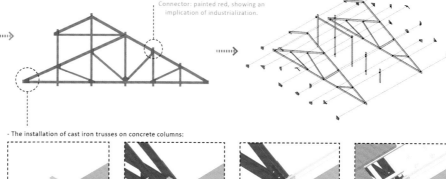

- The installation of cast iron trusses on concrete columns:

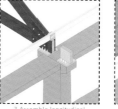

1.Embedded cast iron connectors in concrete corbels.

2.Assemble trusses on connectors with rivets.

3.Assemble longitudinal components with rivets.

4.Place the roof frame and roof tiles.

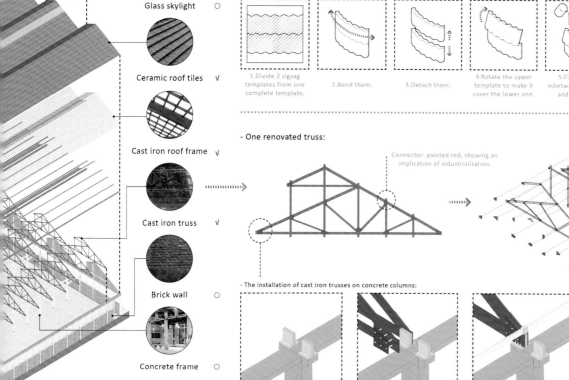

Glass skylight ○

Ceramic roof tiles √

Cast iron roof frame √

Cast iron truss √

Brick wall ○

Concrete frame ○

○ Preserved   √ Renovated

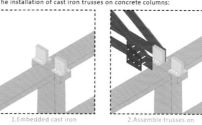

Name: Yanbing QIU 邱雁冰   Nationality: Chinese   Student ID Number:1832189

Youssef Aska

教师评语：

埃拉迪欧·迪斯特（Eladio Dieste）以大跨度的砖拱出名，他的建筑很适合在这门课上作为拱结构以及砖砌建造的案例来分析。这份作业将研究集中在对砖的砌筑和拱形受力的分析上，很好地阐释了迪斯特的建筑是如何被建造出来的。砖的铺设、配筋、浇混凝土、搭模、拆模等议题都得到了讨论。

Eladio Dieste would not have realized his brilliant, innovative works had he relied on the conventions of ordinary practice; rather, he began from first principles.
In the hands of this extraordinary engineer, adherence to first principles did not inhibit but rather enhanced the search for sound forms appropriate to the demands put upon them. It is physically possible to do what is unreasonable, but working from physical principles one is not led to the unreasonable.
Brilliant work by a man of principle, revealing a process of designing and building that is principled - this is the legacy of Eladio Dieste.

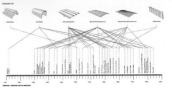

Eladio Dieste selected projects: Timeline and structural types

Dieste's sketch of the church

The church's Facade with Grasshopper

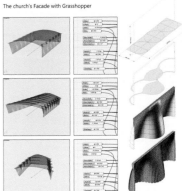

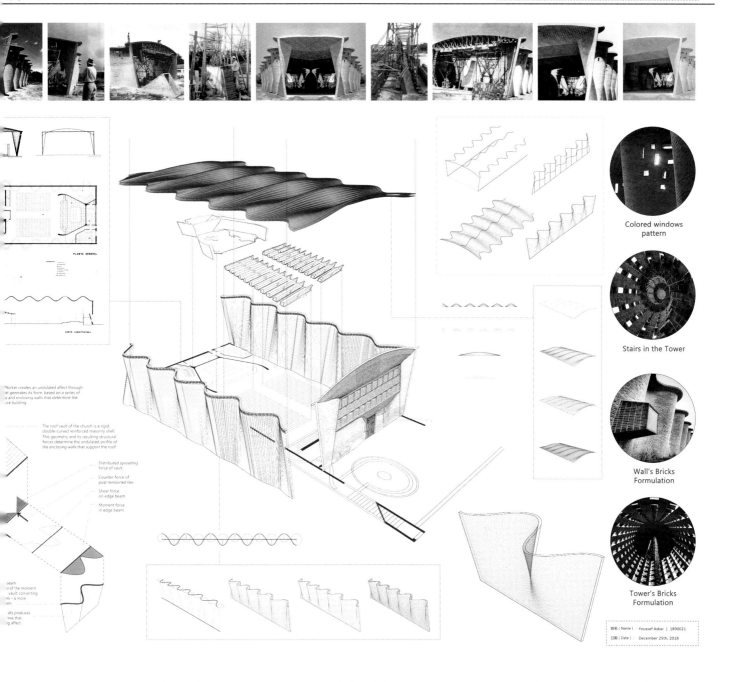

PLANTA GENERAL

CORTE LONGITUDINAL

Worker creates an undulated affect through
it generates its form, based on a series of
s and enclosing walls that determine the
ure building.

The roof vault of the church is a rigid,
double-curved reinforced masonry shell.
This geometry and its resulting structural
forces determine the undulated profile of
the enclosing walls that support the roof.

Distributed spreading
force of vault

Counter-force of
post-tensioned ties

Shear force
on edge beam

Moment force
in edge beam

eam
e of the moment
vault, converting
s - a more
m.

lts produces
ws that
g affect

Colored windows
pattern

Stairs in the Tower

Wall's Bricks
Formulation

Tower's Bricks
Formulation

姓名（Name）： Youssef Askar │ 1890021
日期（Date）： December 25th, 2018

2018 Frontiers of Architectu
2018《建筑学前沿：（手）工

Exploded Axon of Roof Cor

The walls and surfaces are covered w
brick laminate, designed by Dieste, a
never before had anyone been ab
effect with traditional materials.

Wall's Bricks
Formulation

Canted brick grille with
alabaster Windows

Roof's Bricks
Formulation

Stairs' Bricks
Formulation

姓名（Name）： Youssef Askar | 1890021

日期（Date）： December 25th, 2018

Dieste's method of building can
advance in sustainable architecture,
in the use of the material.

 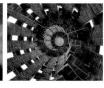   

lded
that
the

clear
ness

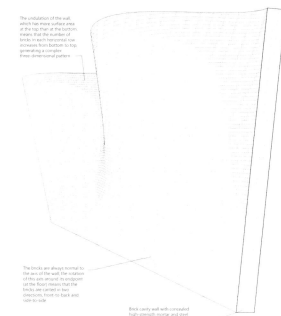

The undulation of the wall, which has more surface area at the top than at the bottom, means that the number of bricks in each horizontal row increases from bottom to top, generating a complex three-dimensional pattern.

The bricks are always normal to the axis of the wall; the rotation of this axis around its endpoint (at the floor) means that the bricks are canted in two directions, front-to-back and side-to-side.

Brick cavity wall with concealed high-strength mortar and steel reinforcement to give priority to the undulated brick surface.

Details of Roof Construction

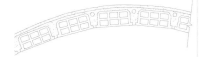

Construction of Eladio Dieste's Church of the Christ Worker in Estación Atlántida, (1960) showing the impossibly thin undulating brick walls and roof.

It's hard to fathom the design of this structural system by today's standards; but the fact this was completed decades before computer programs, using masonry in ways that had never been done before, and constructed by local tradesmen in a small Uruguayan village truly astounding.

Furthermore, to avoid deflection and to increase the rigidity of the vault, he curved the surface in the longitudinal direction as well, reducing the height of the profile as the section moves from the center to both ends. The span of the vaults oscillates between 16 and 18 meters.

Curved surfaces composed of bricks fulfilled almost all the functions of the building.

Bricks Construction

Vaults are ideal if light coverage is required for large dimensions. The main drawbacks in this system are the buckling and flexing that can be caused by wind.

To avoid this, undulating it longitudinally increases stiffness without increasing the weight of the structure when, this action increases the moment of inertia and stiffness to buckling.

 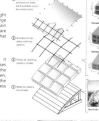

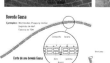

Boveda Gausa

For these vaults, all cross sections have a catenary shape to withstand their own weight. For its construction, a mold is necessary where small pieces are placed and appropriately adapted which can speed up the progress of the work.

Distribution of Loads

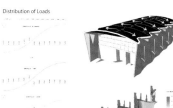

刘洪君

Liu Hongjun

教师评语：

西格尔德·莱弗伦兹是这门课重点关注的建筑师。这份作业分析了圣彼得教堂的屋顶拱形几何来源、建筑的砌砖方式、砖拱与内部木构件等方面的材料和工艺关系，并将各项分析图解比较好地组织进同一个画面里。在关于屋顶拱形的砌筑过程还原序列里，大胆做出的建造过程推测值得肯定。

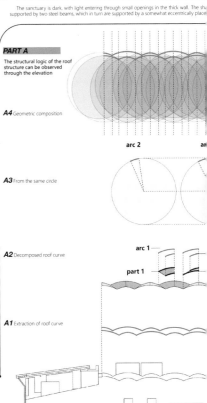

Church of St Peter

Sigurd Lewerentz

master plan

3 The Structure Of The Brick Arch Of The Sanctua

The sanctuary is dark, with light entering through small openings in the thick wall. The sh
supported by two steel beams, which in turn are supported by a somewhat eccentrically place

PART A

The structural logic of the roof
structure can be observed
through the elevation

A4 Geometric composition

arc 2   ar

A3 From the same circle

arc 1

A2 Decomposed roof curve

part 1

A1 Extraction of roof curve

Elevtion Of The Church

ground plan

waiting room

ance to the church

sacristy

vestry

Brick appearance of facade

brick vault view from inside

Sigurd Lewerentz, one of the great Swedish architects of 20th century, distinguished himself through his playful mastery of masonry construction, most notably in his 1962 Church of St.Peter's in Klippan, Sweden.

St Peter's church in the small town of Klippan in the province of Skane was directly commissioned to Lewerentz in 1963, and was completed in 1966. As always for Lewerentz, the technical solutions were no technical fetishes, but rather a controlled part of construction. The result is an architecture which is both free and condensed; a kind of aphoristic prose-poem.

1 Masonry Of Bricks

No bricks are cut.Bricks are used to make walls, floors, ceilings and furniture. To accommodate these rules, high strength mortar joints of different sizes were used, resulting in walls, with bricks acting more as an element in a united whole than as separate, superimposed masonry units.

we'll Take the chimney for example.

Brickwork Of The Chimney

TYPE 1
standard horizontal coursings
- left running bond
- right Free Filling of mortar

TYPE 2
angled-side alighments

TYPE 3
radius-based turns

Circular arc segment
The datum line of the inclined wall
Circular reference line

2 The Connection Between The Windows And The Brick Walls

Among the unconventional technical solutions, one notes the glass plates hung onto the outside of the brick wall, with only sealant to keep the weather out.

Steel parts

sealant

PART B
Geometric generation of one typical roof unit

B1 Front view
The regular three-dimensional motion of the arc forms the roof.

B2 Top view
The same roof shape was obtained by Boolean operation.

B3 Perspective view
Take a closer look at the roof composition.

PART C
Construction steps for the roof unit

C1 STEP 1
Determine the position of the steel beam

front view

C2 STEP 2
Ribbed the bottom of the steel beam.

front view

C3 STEP 3
Lay two layers of brick arch, stabilized by mortar.

front view

C4 STEP 4
Remove the ribs to form a typical unit of brick vault roof.

front view

PART D
Integral roof structure

12cm thick brick vault

INP34 steel beam vault ribs

pedestals

two pairs of INP 50 steel beams forming main girders bearing on wall and column, with pedestals to support ribs from two ST 120*82*30mm steel Ts

two steel sections forming column

brick vault at parish council room

90*354 mm wood beam

double concrete support beam

115*224 mm or 90*224 mm laminated wood beams 160cm oc

typical roof deck of 1*4 wood planking on 2*4 wood purlins

bell room

brick-vaulted narthex with light monitor above

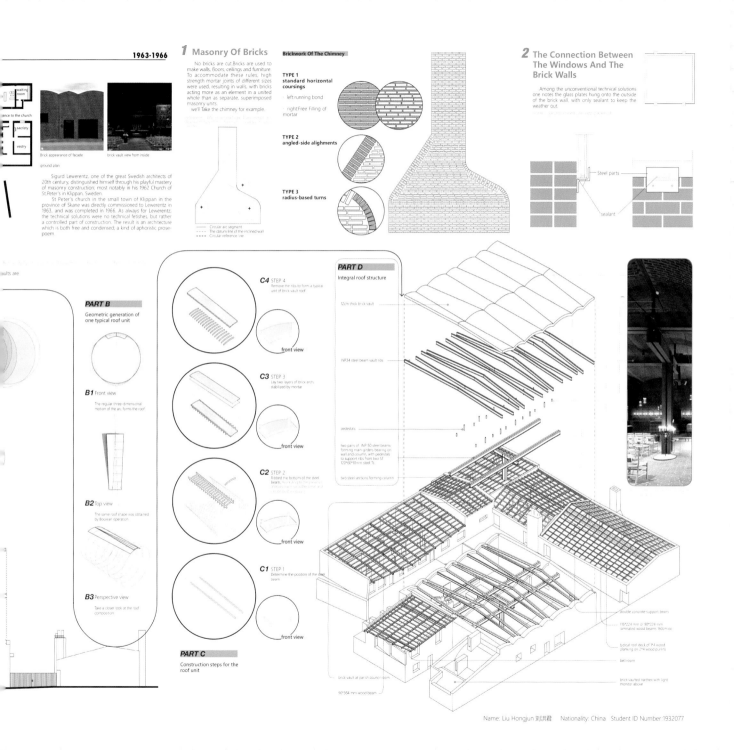

Name: Liu Hongjun 刘洪君   Nationality: China   Student ID Number:1932077

温乐娣

Wen Ledi

教师评语：

筱原一男的白之家是他将抽象性与物质性融合的杰作。这份作业在朴素的画面中对其展开分析，基本契合这个作品的气质。白之家木构屋顶的精细制作以及筱原一男以白色吊顶对其的藏匿、方形平面的隔间划分以及四壁围合的材料等话题，被这份作业以分析图解的方式进行了讨论。虽然部分绘图显得重复，但整体上依旧可圈可点。

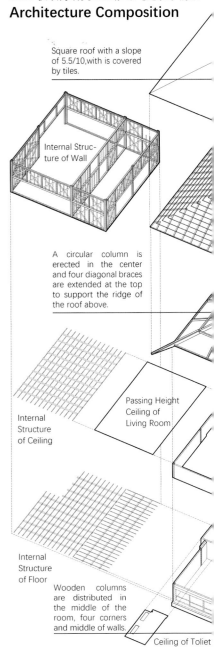

Square roof with a slope of 5.5/10,with is covered by tiles.

Internal Structure of Wall

A circular column is erected in the center and four diagonal braces are extended at the top to support the ridge of the roof above.

Internal Structure of Ceiling

Passing Height Ceiling of Living Room

Internal Structure of Floor

Wooden columns are distributed in the middle of the room, four corners and middle of walls.

Ceiling of Toliet

House in White (白の家)——Hidden Structure
by Kazuo SHINOHARA（筱原一男）

Rafters carry the weight of the roof evenly to the roof truss.

Internal Structure of Roof

The middle wall divides the second floor into two parts, one is the general height space of the living room ,which is covered by diagonal braces,and the other is the bedroom.

Ceiling of Bedroom

2

2

1 Living Room
2 Bedroom
3 Toliet
4 Laundry

Drawn by author

House in White (1966) is one of Kazuo Shinohara's most famous design. The biggest feature of this building is the concealment of handicrafts, which are generally "abstract" and "implicit". Shinohara uses "abstract" ideas to transform building structures and spaces.

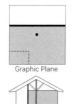
Graphic Plane

Graphic Section
Source reference

Photo-Outside
Source:《建筑 筱原一男》 东南大学出版社

Photo-Inside
Source:《建筑 筱原一男》 东南大学出版社

Wooden Structure

Tiles

Framework

White Lime Wall

Wood Floor&Column

Wood Window Frame

Drawn by author

In appearance, it is similar to a Japanese traditional hilltop house. The most interesting thing about this building is that the roof structure is exquisite, but Shinohara is unwilling to show the structure.[?]He thinks that doing so makes the building a carrier of structural expression, so he uses the ceiling to cover the roof. The interior The only pillar disappeared into the abstract white horizontal plane, and its end was not visible.

Photo-Reference——1.https://gcoan.ruten.com.tw/item-2.https://www.yebt01.com
3.https://www.pinterest.com/pin-4&5.https://www.houzz.ru/foto

Constrction Progress

1 Install load-bearing structure

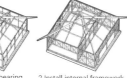
2 Install internal framework of wall

3 Install internal framework of floor and ceiling

4 Install outer facing of wall, floor and ceiling

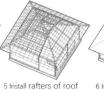
5 Install rafters of roof

6 Install doors, windows and roof tiles.

Drawn by author

Name:Wen Ledi   Nationality:Chinese   Student ID Number:1930034

图书在版编目（CIP）数据

现代意匠：连接手工艺与设计 / 张永和，江嘉玮，
谭峥编著. -- 上海：同济大学出版社，2022.11
（建筑教育前沿丛书）
ISBN 978-7-5608-9921-3

Ⅰ.①现… Ⅱ.①张… ②江… ③谭… Ⅲ.①建筑学
Ⅳ.①TU-0

中国版本图书馆 CIP 数据核字 (2021) 第 191800 号

现代意匠
连接手工艺与设计
张永和 / 江嘉玮 / 谭峥　编著

出版人：金英伟
责任编辑：晁艳
平面设计：KiKi
责任校对：徐春莲
版 次：2022 年 11 月第 1 版
印 次：2022 年 11 月第 1 次印刷
印 刷：上海安枫印务有限公司
开 本：889mm×1194mm 1/20
印 张：10.5
字 数：270 000
书 号：ISBN 978-7-5608-9921-3
定 价：88.00 元
出版发行：同济大学出版社
地 址：上海市四平路 1239 号
邮政编码：200092
网 址：http://www.tongjipress.com.cn